Landesmuseum Joanneum

Welt aus Eisen

Waffen und Rüstungen aus dem Zeughaus in Graz

Edition Joanneum

Thomas Höft – Text

Alexander Kada – Buchgestaltung und Fotokonzeption

Angelo Kaunat – Fotografie und Beleuchtung

SpringerWienNewYork

Die Sammlungen eines Museums sind ein Reservoir, das man ständig neu beleuchten kann, mit wechselndem Blick immer neu entdecken.

Das Landeszeughaus in Graz mit seiner einzigartigen Sammlung historischer Rüstungen und Waffen aus der Zeit der Türkenkriege war die Vorgabe für das erste Buch einer Reihe im Springer-Verlag, die Sammlungen und Häuser des Landesmuseums Joanneum neu betrachten soll (der nächste Band ist Schloß Eggenberg gewidmet): das entrückte Objekt „am Podest" soll sich dem Besucher nähern, erzählen, Emotion vermitteln.

Für dieses Unternehmen wollten wir uns des Blicks von außen bedienen, ihn zu einem wichtigen Teil unserer Identität machen.

Thomas Höft, Alexander Kada und Angelo Kaunat - Texter, Designer und Fotograf - haben gemeinsam und prozeßhaft an der Ideenfindung gearbeitet, zur gleichen Zeit am gleichen Ort.

In ihrer Arbeit verstehen sie die Exponate als jetztzeitig und damit lebendig; Helme werden zu Gesichtern, Harnische zu Gewändern. Dadurch erfährt man plötzlich und selbstverständlich den Zusammenhang zwischen formaler Geste und emotionaler Funktion. Der Auftrag an den Hofplattner Michel Witz damals war, einen prunkvoll-drohenden Helm zu kreieren. Die Intention des Plattners/Designers soll erkannt, zeit- und bedeutungsadäquat präsentiert werden. Darin liegt die Besonderheit des vorliegenden Bandes: der Blick der Autoren ist für die Leser als Neuinszenierung faszinierender Zeitdokumente kenntlich gemacht, die auf

prunkvolle Gesten verzichtet, weil sie die Geschichte der Dinge im Bewußtsein und mit den Technologien der Menschen von heute erzählt.
Formale Untersuchung ist die Basis für verantwortungsvoll betriebene „visual history", die gesellschaftliche Strukturen der Zeit der Türkenkriege spannungsvoll skizziert, auch die andere Seite zu zeigen vermag.
Eine respektvolle und intensive Auseinandersetzung mit Leben und Charakter der Objekte kann heute über Repräsentationsbedürfnis, Mode, Hierarchie, Status und Funktion dieser eisernen Persönlichkeiten beredte Auskunft geben. Die Ästhetik des Blickes verlebendigt Museumsstücke; sie werden zu Akteuren, die den Leser verführerisch in eine vergangene Zeit beamen, sie wirken schnell und dynamisch, traurig und stolz, zerbrechlich und brutal, sogar grotesk.

So kann das emotionale Moment des Buches über die Information hinaus ein Kapitel Geschichte unseres Landes erlebbar machen.
Ich danke den Autoren für ihr überzeugendes Werk, das einen neuen Anspruch für alle künftigen Publikationen des Landesmuseums Joanneum formuliert, und dem Springer-Verlag für seine Unterstützung.
Allen Lesern wünsche ich eine aufregende Reise in vergangene Zeiten.

Barbara Kaiser
Direktorin des Landesmuseums Joanneum

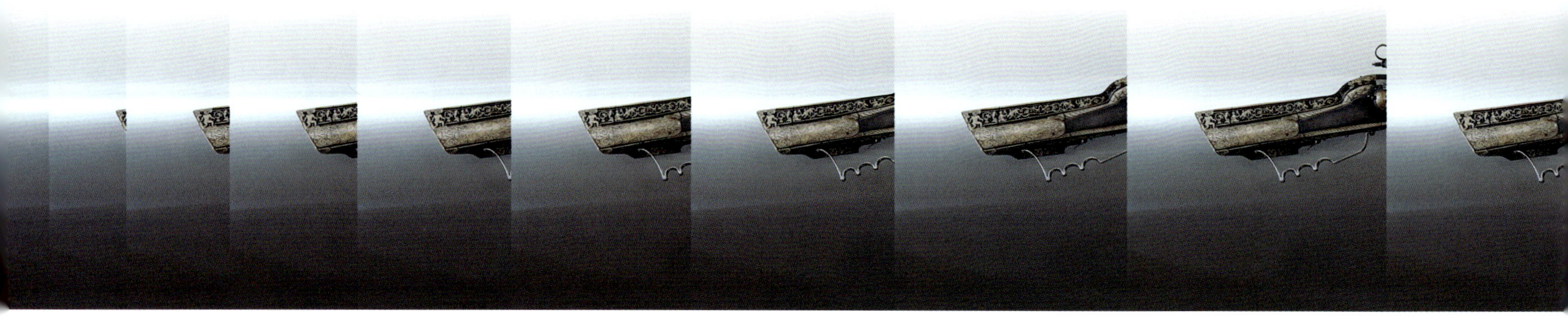

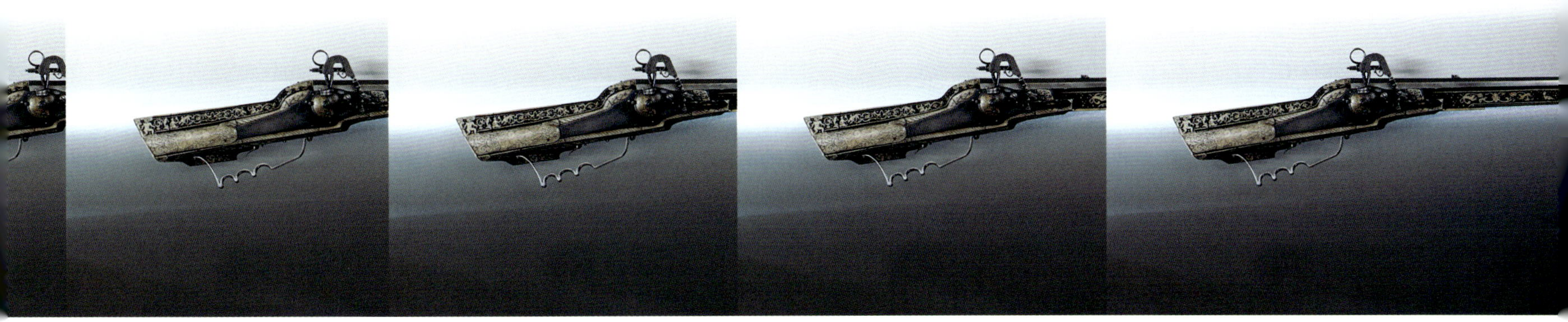

Prolog

Geschlossene Orte

Veränderte Blicke

Wie harmlos die Dinge sind, wenn man sie aus der Distanz betrachtet.

Mitten im Zentrum von Graz, in der Herrengasse, kann man im Straßencafé sitzen und auf Geschichte blicken. Die Straße ist für Autos gesperrt, Straßenbahnen bestimmen den Takt der Bewegung, und das Panorama der Hausfassaden ist reiseführerverdächtig. Das historistische Rathaus prunkt mit übertriebenen Formen der späten Renaissance, Groteskengesichtern, den industriell reproduzierbar gewordenen Mustern einer okkupierten Vergangenheit, die längst ihrerseits schon wieder Geschichte ist: gründerzeitliches Prahlen, ja für den Moment vielleicht sogar wiedergefundene Identität.

Daneben das Landhaus. Echte Renaissance diesmal, 1565 vom Italiener Domenico dell'Allio als Sitz der Stände, der Vertreter von Adel und Geistlichkeit des Landes, errichtet. Direkt im Anschluß ein schmales, hohes Gebäude, fast schmucklos mit großem eisernem geschlossenem Tor: das Landeszeughaus. Eine Waffenkammer, für die Landstände zwischen 1642 und 1645 vom Schweizer Anton Solar entworfen und gebaut. Das Tor flankieren zwei Statuen, opernhaft kostümiert erscheinende Figuren von kriegerischem Habitus: Mars und Minerva, Götter des Krieges und der Schlachten. Distanz zur Vergangenheit kann sich auch aus allzu großer Nähe ergeben. Es ist kein Problem, das Zeughaus zu betreten. Die Straßenbahnfahrer klingeln nachsichtig, wenn man vor ihnen die Herrengasse überquert, und zum Einlaß braucht man keinen Passierschein, sondern eine Eintrittskarte vom Landesmuseum Joanneum, dem das Zeughaus angegliedert ist. Doch einmal eingetaucht in die halbdunkle, gedrängte Atmosphäre der vier Stockwerke des Arsenals, verändert sich das Bild. Reihen um Reihen finden sich auf hölzernen Gestellen Rüstungen, Spieße, Schwerter, Schußwaffen - 280 Jahre alt und älter, unüberblickbar, zu Tausenden aufgestellt, hängend von der Decke, die Wände bedeckend, raumfüllend. Eine einzige Sequenz in Eisen, eine nüchterne Dramaturgie der Massen, reine Funktionalität der Gewalt. Das Haus ist unvergleichlich. Einzig in Solothurn in der Schweiz ist noch eine barocke Rüstkammer erhalten, alle anderen sind zerstreut, zerstört. Ganz langsam nur öffnet sich der Blick für Einzelheiten, erscheinen die Galerien der Rüstungen aus individuellen Einzelstücken zusammengesetzt, erkennt man in den Mengen das Besondere. Handgefertigt, nicht industriell, und doch meist Massenware, denn Massen waren auszurüsten. Gegen Türken, gegen aufständische Ungarn. Und so ist man angekommen; in der Hauptstadt eines Grenzlandes, der mächtigen Bastion am Rande der westlichen Welt.

Von der verbotenen Zone

Waffen sind Staatsgeheimnisse.

Ihre Art, ihre Zahl, ihre Lagerung unterliegen heute wie vor 500 Jahren der höchsten Geheimhaltung. Das Arsenal ist ein geschlossener Ort. Ein gesicherter, uneinsichtiger Raum, um den sich Vorstellungen, Gerüchte und Interpretationen ranken, die unbestätigt bleiben; bleiben müssen. Und die Gründe dafür sind in vielerlei Hinsicht taktischer Natur. Ein möglicher Feind wird im unklaren darüber gelassen, wie man sich zu verteidigen gedenkt. Und die eigenen Leute werden nicht erfahren, wie es um die Verteidigungs- oder Angriffsbereitschaft wirklich steht. Sie müssen vertrauen. So ist im günstigsten Fall die sichtbare Außenhaut des Arsenals Symbol dieses Vertrauens. Ein Bollwerk eigener Stärke, in dessen abgeschottetem Innenraum sich deren Mittel verbergen.

Als im Mai des Jahres 1661 Anton Salomon Schmidtmayr aus Varaždin nach Graz kam, um hier Geschütze zu besichtigen, die ihm zur Grenzverteidigung zugesagt waren, verwehrte man ihm den Zutritt zum Zeughaus. Schmidtmayr war der zuständige Zeugwart an der Militärgrenze, die von Graz ausgestattet wurde. Ein Freund also, auf vorderem Posten, akuter Bedrohung ausgesetzt. Dennoch mußte der Grazer Zeugwart Sigmund von Klaffenau die Geschütze in den Hof bringen lassen, die Türen des Zeughauses geschlossen halten und seinem Kollegen jeden Einblick in das Arsenal verwehren.

Waffen sind Staatsgeheimnisse. Das Grazer Zeughaus ist ein geschlossener Ort. Ein symbolisch aufgeladener Ort. Doch durch zahlreiche Zufälle, durch gezielte Handlungen, durch Vorsicht und manchmal auch Gerissenheit existiert es noch heute. Es bietet die seltene Gelegenheit, die Mauer der Abschottung zu durchschreiten, in den geschützten Raum vorzudringen und zur Substanz des Symbols zu gelangen. Der Weg durchs Grazer Zeughaus, der hier beschritten werden soll, ist kein Gang durch ein Museum. Er ist eine Zeitreise in eine ehemals verbotene Zone, die noch heute alles an Bedrohung, Bedrohlichkeit und Energie enthält, die den symbolisch aufgeladenen Charakter des Hauses begründete - wenn man sie zu lesen versteht.

Als die Monarchin Maria Theresia im Jahre 1748 - die Türkengefahr war gebannt, die meisten Zeughauswaffen besaßen schon lange, kriegstechnisch beurteilt, nur mehr Metallwert - anordnete, das Landeszeughaus aufzulösen, protestierten die Steirischen Landstände. Als „Denkmal der Geschichte des Landes und der Tapferkeit ihrer Vorfahren“ sei es zu erhalten. Maria Theresia stimmte zu, der Symbolcharakter war festgeschrieben.

Die Außenhaut

Mars und Minerva, die Figuren, die das Zeughaustor flankieren, stehen für zwei Seiten des Krieges. Mars, der feurige Kriegsgott, verkörpert in der Bildersprache der Zeit den Furor des Kampfes. All den Mut und die Kraft, die es aufzubringen gilt, um zu siegen. Mit dem Bart und den Locken ist

ANNENHOF

er die personifizierte Erscheinung eines hohen Militärs des 17. Jahrhunderts. Zeitgenössisch, nur durch das antikisierende Kostüm, Schild und Schwert als römische Gottheit ausgewiesen. Dieser Mars ist aktuell, er ist gegenwärtig.
Minerva vertritt den Gegenpol. Ist Mars die Wut des Krieges, ist sie die Strategie. Die Planung, die Vernunft, die Ordnung - ihr griechisches Pendant, Pallas Athene, war der Sage zufolge aus dem Haupte des Zeus entsprungen; kopflastig schon daher. Kein wildes Gemetzel steht ihr an, sondern die kunstvolle Planung des Feldzugs. Ihr Kampf ist die Auseinandersetzung um den Schutz der Heimat. Antik stilisiert ist sie vor dem Zeughaus so gegenwärtig wie ihr Partner.
Zu zweit sind die Figuren die Konkretisierung des Zeughausgedankens in der Kunst. Kampf und Schutz, Kraft und Strategie sind hier Figur geworden. Weiteres Dekorum braucht das Haus nicht. Es ist nüchtern, funktional; einzig das große Portal mit dem Steirischen Panther als Landessymbol über dem Tor und die fünf Wappen der ständischen Verordneten von 1644 in der Gebälkzone - gewählte Vertreter der Landstände mit Entscheidungskompetenz - sind der Repräsentation geschuldet.
Auftakt zum Zeughausbau war der Kauf des Rattmannsdorfschen Hauses am Landhaus im Jahre 1639. 4000 Gulden waren dazu nötig. Zum Vergleich: für ein Viertel Weizen (rund 80 Liter) mußte man damals eineinhalb Gulden bezahlen. Das erworbene Haus wurde abgebrochen; begonnen mit der Rückseite, gleichzeitig ließ man Baumaterial herbeischaffen, so daß 1642 der Neubau angefangen werden konnte. 1644 fiel auch die Vorderseite des alten Hauses, und noch im selben Jahr stand das neue Gebäude. Rund 14.000 Gulden kostete es insgesamt. Die Bauleitung hatte Anton Solar, dessen Vertrag mit den Landständen genaue Maßangaben (52,5 Meter lang; 11,5 Meter breit) und weitreichende Garantien einschloß. Der

Baumeister mußte sich verpflichten, Mängel, soweit sie im ersten Jahr nach Fertigstellung auftreten sollten, auf eigene Kosten zu beheben.

Das Erdgeschoß, zur Aufnahme von schweren Geschützen, Kanonen, Munition und Fuhrwagen bestimmt, hatte an der Seite vier große Tore auf einen Innenhof, um möglichst schnell Zugriff zum Material zu ermöglichen. Damals war dieser Hof zum Landhaus noch durch ein Kanzleigebäude getrennt und gesichert. Der Arkadengang, der heute den Landhaushof bestimmt, ist ein historistischer Zusatz, der erst Ende des 19. Jahrhunderts nach dem Abbruch des Kanzleitraktes entstand. Die heitere, italienisch wirkende Offenheit des Landhaushofes, die manieristisch verschnörkelten Arkaden, durch welche die Zeughausfassade zusätzlich romantisiert erscheint, entspringt also dem Gestaltungswillen der Gründerzeit. Die hermetische Außenhaut ist heute nur mehr als Nachhall zu erfahren.

Zur Geschichte des Landeszeughauses in Graz:
Peter Krenn, Zur Geschichte des Steiermärkischen Landeszeughauses in Graz;
in: Festschrift 150 Jahre Joanneum 1811-1961; Graz 1969.
Neue Erkenntnisse über die Baugeschichte siehe auch:
Leopold Toifl, Spurensuche im Zeughaus;
in: Jahresbericht 1995, Landesmuseum Joanneum; Graz 1996,
dem ich auch die Geschichte über Salomon Schmidtmayr entnommen habe.
Zur Frage des Geldwertes und der Kriegsfinanzierung bietet Hinweise:
Othmar Pickl, Kriegsfinanzierung als Faktor der Wirtschaftsbelebung;
in: Geschichtsforschung in Graz; Graz 1990.

Die Entdeckung des Anderen

Jänner 1998

Mit einer Gruppe deutscher Touristen durchs Zeughaus gegangen.
Ihre Sätze gehört, ihr Erstaunen von den Gesichtern gelesen,
als sie durch die Gewehrreihen tanzten, kichernd.
Freizeit im Ritterland.
Nicht gefolgt, als sie, nach drei Minuten ermattet,
auf dem Weg nach Neuigkeiten
die Treppe hochstiegen.
Um dort nichts anderes zu erfahren als hier.
Im ersten Stock bei den Kanonen geblieben.
Wollte den Kopf in einen Mörser stecken ...
vielleicht erfährt man so etwas.
Die Hakenbüchsen betrachtet,
und versucht, den Rückstoß zu denken.
Zu glauben, er könnte einen zurückkatapultieren in eine andere Zeit.
Wo das Eisen nicht
vaselineglänzend
von öffentlicher Hand betreut
nur Nachhall ist.

Radschloßgewehre

„Der Rost ist das Schlimmste“,
spricht der Restaurator,
der mir Berührung untersagt.
„Wie eine Krankheit frißt er sich - von außen unsichtbar - durchs Metall.
Und dann, von einem Tag auf den anderen,
breitet er sich aus wie Krebs.
Sie müssen wissen,
Rüstungen sind eine zweite Haut.
Metall atmet.
Es hat Poren.“

Gottesplagen

Auf der Südseite des Grazer Doms findet sich noch heute ein Fresko, das wie folgt bezeichnet ist: „1480 Umb unser Frauntag der Schiedung sind hie zu Gratz gots plag drey gewesn, haberschreckh, Türkn und pestilencz und jedo so groß, daß dem Menschen unerhörlich ist, got sey uns gnädi.“ Jahre des Terrors, eingefangen auf einem Gnadenbild, das die Geschehnisse als Gottes Strafgericht über die Menschheit erscheinen läßt. Doch in der thronenden Dreifaltigkeit über den Bildern des Schreckens verkörpert es auch die - dringend erhoffte - Möglichkeit zur Barmherzigkeit und Gnade. Eine Gnade, die umso dringlicher herbeigewünscht wurde, als sich die Verhältnisse verschlechterten.

Ende des 15. Jahrhunderts herrschte in Mitteleuropa eine anhaltende Wärmeperiode, die katastrophale Auswirkungen hatte. Schon im März blühten in der Steiermark die Bäume; Niederschlag blieb aus, die Hitze war sengend. Rasch wurde Wasser Mangelware; im Jahr 1473 versiegten so viele Quellen, daß Wasser aus Kärnten herbeigeschafft werden mußte. Die Ernte vertrocknete und Heuschreckenschwärme drangen weit nach Norden vor. Eine Augenzeugin, Ursula Silberberger, Äbtissin des Stiftes Göß, berichtet in ihrer Stiftschronik: „Am 17. August des Jahres 1478 ist plötzlich eine überaus große Menge der Heuschrecken geflogen gekommen, die durchflogen die ganze Gegend. Die waren so dick, als ob es schneien täte und man gleichsam den Himmel nicht sehen konnte. Diese Heuschrecken waren so groß wie Meisen oder Zeisel und verdarben an vielen Orten das Getreide mitsamt den Wurzeln. Es waren so viele, daß sie

Steinschloßpistolen

die Haselnußstauden und Birken, die sie anfielen, niederdrückten. Sie lagen so dicht, daß man auf ihnen bis an die Waden einsank, als ob man durch Schnee oder Sand gehen würde." Zeitweilig war es so warm, daß die Heuschrecken auch lang in den Winter hinein überlebten und die Winteraussaat verzehren konnten.

Aber apokalyptische Endzeitstimmung war nicht nur der biblischen Plage der Insektenschwärme geschuldet. Im Jahre 1347 brach in Genua eine Seuche aus, wahrscheinlich per Schiff von der Krim importiert, die in den folgenden Jahren ein Drittel der europäischen Bevölkerung auslöschte. Nach dem ersten verheerenden Auftreten der Pest blieb sie endemisch. Immer wieder gab es neue Krankheitsherde. Über 300 Jahre war die Krankheit eine nicht zu kontrollierende, in ihren Verbreitungswegen undurchschaubare, tödliche Bedrohung.

Die Einschätzung, solche nicht zu erklärenden, nicht zu beherrschenden Fügungen seien Gottes Strafe, war ein weit verbreitetes Deutungsmuster. Zumal im damaligen Katholizismus sowohl Strafe als auch Gnade als vom Menschen zu verdienende Äußerungen Gottes angesehen wurden. Hitzige Glaubensfanatisierung, Sektierertum, Bußbewegungen breiteten sich aus. Die Suche nach „Schuldigen" forderte Opfer.

Es ist viel und ausführlich darüber geschrieben worden, wie gesellschaftliche Systeme mit unerklärlichen Bedrohungen umgehen, nach welchen Mustern Verantwortliche, Feinde, gesucht und benannt werden. Daß es zuerst und vor allem Menschen außerhalb des eigenen Vorstellungs- und Glaubenssystems trifft, ist perfide Wirklichkeit. Juden als „Brunnenvergifter" und „Stachel im Fleische der Christenheit" boten Projektionsfläche für all das Unerklärliche, Verborgene - ideale Schuldige. Erste Pogrome, Massenvertreibungen waren blutige Konsequenz. Auch die Ketzer- und Hexenjagden erscheinen als verzweifelte Versuche, über Zustände Herr zu werden, die nicht im Bereich möglicher Kontrolle lagen. Doch immer wieder gab es auch die Idee, die Schuld und das Verderbte gerade inmitten des herrschenden Systems zu lokalisieren und zu benennen. Die „ketzerischen" Bewegungen, angeführt von charismatischen Glaubensreformatoren wie Jan Hus, entdeckten die Schuld gerade nicht nur bei den „Anderen", den Fremden, sondern als innere Konsequenz einer überlebten, verlogenen und von den eigentlichen Wurzeln entfernten, in Egoismus erstarrten Kirche. Wie stark diese grundsätzliche Kritik werden konnte, zeigt sich in der lutherischen Reformationsbewegung. Ohne daß diese jedoch die „üblichen Schuldigen" verschonte - man lese nur Luthers Ausfälle gegen die Juden, die er, so sie sich nicht bekehren lassen

Mörser 17. Jh.

wollten, in „eine Stadt zu treiben und an allen vier Ecken anzuzünden" empfahl. Welche gesellschaftlichen und gedanklichen Konsequenzen der Protestantismus mit sich brachte, wird hier später noch einmal aufzugreifen sein. Denn für das Jahr 1480 fehlt noch eine „Plage", die sich rasch zu einer existentiellen Bedrohung entwickelt: Zum ersten Mal greifen muslimische Soldaten direkt in Zentraleuropa an. Und zuerst scheint kaum etwas sie aufhalten zu können.

Am 6. August des Jahres 1480 kamen rund 16.000 Türken über Kärnten in die Steiermark. Sie lagerten auf dem Aichfeld bei Judenburg und zogen binnen acht Tagen in drei Gruppen plündernd und mordend durch das Land. Die schnellen Reiter gelangten in das Lavanttal, nach Rottenmann, Göß und Leoben, bis nach Bruck und verschonten auch die Umgebung von Graz nicht. So schnell sie gekommen waren, zogen sie über Radkersburg schließlich auch wieder ab.

Feber 1998
Im Zeughaus nach türkischen Spuren gesucht.
Nach dem, was DIE ANDEREN waren.
Da ist nichts.
Kein Schild, kein Spieß, kein Helm.
Das Andere existiert nicht im Zentrum des Eigenen.
Es bleibt abgewehrt,
der Blick darauf verschlossen
wie die Visiere der Eisenhauben.

Die Türken

Die Türken vom Standpunkt des Zeughauses zu beschreiben ist unmöglich. Wohl aber ist etwas darüber zu sagen, wie das Bild der Türken ge-

Hebgerät 17./18. Jh.

wesen sein muß. Woher die Angst kam, woher die Bedrohung. Dieser Entwurf des Gegenübers ist parteiisch. Er ist ein interpretierender Blick. Und sicher gibt es auf türkischer Seite einen anderen, komplementären. Wichtig ist, sich bei einer Analyse der unreflektierten Übernahme moralisierender Vorgaben jeder Seite zu enthalten und aus dieser Distanz die Funktion der Moralisierung offenzulegen: Dieser Krieg wurde mit außerordentlicher Grausamkeit geführt. Es ging um Dominanz, um Macht und Eroberung. Es ging aber auch um den Vorrang einer Lebenshaltung, um Kultur, gesellschaftliches Selbstverständnis und um Religion. Jede Äußerung über die anderen ist eine Äußerung innerhalb des eigenen Wertekanons und hat rechtfertigende und propagandistische Funktion.

Im Gegensatz zum Christentum hat der Islam keinen missionarischen Auftrag im Religionsverständnis eingeschrieben. Wohl soll sich die Lehre Mohammeds in der Welt ausbreiten - Zwangsbekehrungen, wie sie christliche Eroberer selbstverständlich vornahmen, lassen sich jedoch mit dem Islam nur schwer begründen und haben eher machtpolitische als religiöse Grundlagen. Wobei zwischen „Heiden“ und „Schriftbesitzern“ zu unterscheiden ist. Der Islam ist eine prophetische Religion und versteht sich als letztgültige Vollendung der im Jüdischen Glauben und dem Christentum vorbereiteten Aussagen. Den monotheistisch denkenden „Schriftbesitzern“ soll, so lautet Mohammeds Auftrag, mit Toleranz begegnet werden. Diese Toleranz erwächst auch aus einer genealogischen Ableitung des Ursprungs des Islam.

In der Genesis wird die Geschichte des Stammvaters Israels, Abraham, berichtet. Dieser von Gott auserwählte Mann kann mit seiner eigenen Frau Sarah keine Kinder bekommen. Gott befiehlt ihm, der ägyptischen Magd Hagar beizuwohnen, und diese gebiert ihm einen Sohn: Ismael. Gott schließt einen Bund mit Abraham und setzt die Beschneidung der Männer des Volkes als Zeichen für diesen Bund ein. Und als Bestätigung für die Erhöhung Abrahams als „Vater der Völker“ wird schließlich auch Sarah schwanger. Eifersüchtig treibt sie Hagar vom Hof. Aber Gott prophezeit der Verzweifelten, daß auch aus ihrer Nachkommenschaft ein großes Volk erwachsen wird. Diese Nachkommenschaft von Hagar und Ismael nehmen die arabischen Muslime für sich in Anspruch, mit den Konsequenzen der so begründeten Auszeichnung durch Gott als auch mit dem ambivalenten Verhältnis zum Juden- und Christentum. Das im übrigen bis heute wirksam ist. Die blutigen Auseinandersetzungen um die „heiligen Stätten“ im heutigen Israel lassen sich nur in diesem

Hebgerät 17./18. Jh.

Kontext verstehen: für alle drei Weltreligionen sind die biblischen Orte aus anderen Gründen heilig. Und wenn man heute aktuelle Diskussionen zwischen Juden und Palästinensern verfolgt, ist die mythische Demütigung von Hagar und Ismael durch Sarah ganz ungebrochen noch immer das wichtigste Bild zur Beschreibung des gespannten Verhältnisses der Religionsangehörigen.
Das Toleranzgebot findet seine Grenzen in der weit auslegbaren Situation der „Verteidigung des Glaubens", die keine Schmähung und Herabsetzung des Islam zuläßt. Und natürlich im Machtinteresse. Eine Ausbreitung des islamischen Einflußbereiches - des Einflußbereiches, nicht der Religion an sich - mit Gewalt wird nicht nur akzeptiert, sondern gefordert. Dahinter steht die frühislamische Vorstellung einer Zweiteilung der Welt in das „Haus des Islam" und das „Haus des Krieges". Das „Haus des Islam" war das Gebiet, das unter muslimischer Oberhoheit befriedet war und das es gegenüber der übrigen Welt, dem „Haus des Krieges" auszubreiten galt. Denjenigen, die sich freiwillig unterwerfen, zeigt man sich ebenso tolerant wie den „Schriftbesitzern". Das meint jedoch kein gleichberechtigtes Nebeneinander, sondern eine Unterwerfung des Gegenübers und die Ausbreitung der islamischen Kultur.

Im Gegensatz zum Neuen Testament liefern Koran und Sunna - die Berichte über Worte und Taten des Propheten - zahlreiche klare Handlungsvorgaben und Normen für das Leben. Zu großen Teilen sind sie anwendbare Gesetzbücher - die zwar auch der Auslegung (und somit der Interpretierbarkeit) unterliegen, aber dennoch wesentlich konkreter Stellung nehmen zu den Lebensumständen der Menschen selbst. Damit ähneln sie deutlich den alttestamentarischen Gebotslisten, die für einen strenggläubigen Juden verbindlich sind. Das Recht, im Krieg Beute zu machen und diese unter den Kämpfenden aufzuteilen, ist ein im islamischen Glaubensgesetz festgelegtes und lieferte einen konkreten Anreiz zur Eroberung. Tatsächlich bestritten viele islamische Krieger ihren Lebensunterhalt vor allem aus der Kriegsbeute. Auch die Tributerhebung gegenüber den Besiegten ist genau geregelt - und zahlreich sind die Quellen, die von einer Erleichterung der Steuerlast berichten, nachdem islamische die christliche Herrschaft abgelöst hatte.

Nun ist der Islam - gleich dem Christentum - kein so monolithischer Block, wie er in der Abwehrpropaganda dargestellt wurde. Harte innere Auseinandersetzungen kennzeichneten den islamischen Einflußbereich auch in der Zeit seiner größten Stärke. Die türkische Hegemonie war unter immensen Verlusten und nach zahlreichen Rückschlägen entstanden. Legendär ist der Sieg der Mongolen unter Tamerlan um das Jahr 1400 über den türkischen Herrscher Bajazet, der - so berichtet man - in einem goldenen Käfig ausgestellt wurde.

Ursprungsheimat der Turkvölker ist Mittelasien. Unter dem Einfluß kämpferischer Herrscher eroberten die Seldschuken seit dem 11. Jahrhundert rasch größere Teile Kleinasiens. In Auseinandersetzungen gespalten und in kleinere, rivalisierende Herrschaftsbereiche dividiert, war es schließlich der Sultan Osman, der nach 1300 sein Machtgebiet festigen und zu Eroberungszügen aufbrechen konnte. Von der Hauptstadt Adrianopel aus besiegten die Osmanen die Serben (1389 auf dem Amselfeld), ein Kreuzfahrerheer 1396 bei Nikopolis und eroberten die Walachei.

Die Einnahme Konstantinopels unter Sultan Mehmed II., dem Eroberer, im Jahre 1453 machte die Osmanen endgültig zur Weltmacht und zur gefährlichen Bedrohung des Westens. Denn nach der Unterwerfung Bosniens war der Weg in die habsburgischen Kernlande vorgezeichnet.

Eine Gesellschaft im Umbruch

Das Landplagenbild am Grazer Dom kann als eine Art spätes Apotropaion gelten. An der Außenfassade angebracht, ist es Mahnung und Schreckensabwehr in einer verzweifelten Umbruchslage. Die Angriffe von außen erscheinen als Spiegel (oder Strafantwort) auf eine desolate Lage im Inneren des Reiches. Die politische und soziale Situation der Zeit der ersten Türkenangriffe kann zumindest als unübersichtlich bezeichnet werden, vielfach wurde sie von Zeitgenossen auch als chaotisch begriffen. Die traditionellen Machtpositionen der mittelalterlichen Gesellschaft waren schon über längere Zeit aus den Fugen geraten. Die Spaltung des Papsttums (zeitweilig agierten drei Päpste gegeneinander) war Ausdruck einer grundsätzlichen Schwächung der zentralen religiösen Gewalt. Und auch der Kaiser des „Heiligen Römischen Reiches Deutscher Nation" - der Name setzt sich im 15. Jahrhundert durch - war ein angreifbarer und angegriffener Monarch.

Regionale Machthaber - Fürsten und Kirchenfürsten - hatten vielfach eine ökonomisch starke Position ausbauen können. Florierender Handel,

Erstarkung der Städte, Freiheitswille der Bürger, all das sprengte die alte Lehensordnung in dem Sinne, daß die feudale Ordnung der neuen Komplexität nicht mehr gewachsen war. Die Gesellschaft war in Bewegung, die familiären Systeme des Kennens und Glaubens mußten einer Struktur des Messens und Zählens weichen. Tatsächlich entstehen in den hundert Jahren vor dem massiven Angriff der Türken zum ersten Mal seit dem Römischen Reich wieder regionale Strukturen zur genauen Erfassung der Bevölkerung. Volkszählungen - zumeist aus Gründen der Organisation von Steuern und Abgaben - werden eingeführt und weiter perfektioniert. Diese Versachlichung des Verhältnisses von Herrschenden und Beherrschten ist jedoch nur die andere Seite vom Mißtrauen, der Untreue und dem Auseinanderbrechen der alten sozialen Gefüge.

Es ist die Zeit der Emporkömmlinge, der Kriegsgewinnler, der umherziehenden Söldnerhaufen: mit der Schwäche der zentralen Gewalt sehen die regionalen Herren ihre Chance, die eigene Stellung zu verbessern. Das „Rad der Fortuna" dreht sich schnell, und die Opfer liegen zu allen Seiten. Zuerst bilden die Türken nur einen geringeren Teil der Gefahr. Die Brenner und Mörder der Landbevölkerung wurden oft von den eigenen Herren ins Land geholt. Zugleich markiert das Landplagenbild aber auch einen Umschwung. Die Konsolidierung der Verhältnisse, die Festigung neuer Strukturen fällt ebenfalls in die Zeit der ersten Türkenkriege, und vielleicht war es auch die Bedrohung durch das ganz Andere, das schließlich zu einer wenn auch noch labilen inneren Beruhigung des Reiches führte.

Diese Beruhigung ist verknüpft mit der erstarkenden Macht der Habsburger, die nur scheinbar paradox von einem Mann begründet wird, dem schon zu Lebzeiten kaum etwas Gutes über sein politisches Geschick nachgesagt wurde, Kaiser Friedrich III. (1415-1493). Begreift man Politik als Symbolpolitik, kann man tatsächlich eine Reihe von verheerenden Niederlagen in dessen Leben ausmachen. Vom eigenen Bruder bedroht, mehrfach belagert und besiegt, wortbrüchig und ängstlich, war er keine strahlende Gestalt. Doch in der Realpolitik erweist sich Friedrich schließlich als Sieger durch ein einfaches und dennoch unschlagbares Faktum: Er blieb übrig. Sein Zögern und Hinhalten, sein Taktieren und Ausweichen sicherten ihm das eigene Überleben, und ein Sohn garantierte die Existenz des Hauses.

Überhaupt die Kinder: Von heute aus betrachtet ist es geradezu von archaischer Vehemenz, wie das Vorhandensein von Söhnen, von Erben, als wichtigster Stabilitätsfaktor angesehen wurde. Sicherung des Besitzes, Sicherung einer Kontinuität, war auf Gedeih und Verderb mit den Nachkommen der Herrschenden verknüpft. So steht auch zu Beginn des Aufstiegs Friedrichs die Ermächtigung über ein Kind. Albrecht V., König des Reiches, von Ungarn und Böhmen, stirbt 1439 auf einem Feldzug gegen die Türken (die ersten entscheidenden Weichenstellungen durch die Osmanen in der Geschichte des Abendlandes geschehen durch Schlachtentode von zentralen Erben im westlichen Machtgefüge). Albrechts nachgeborener Sohn Ladislaus Postumus, Erbe der Titel, wird zum menschlichen Spielball der um die Kronen rivalisierenden Kräfte. Friedrich III. bemächtigt sich als Vormund des Knaben und will in dessen Namen die Regentschaft ausüben, doch die Stände der so uneinheitlichen Herrschaftsgebiete revoltieren: eine existenzgefährdende Machtprobe zwischen zentraler Kaisermacht und regionalem Adel. Schließlich muß Friedrich III. den Erben Ladislaus seinen Feinden ausliefern. Doch der stirbt wenig später, wahrscheinlich vergiftet. So wird Georg Podiebrad König von Böhmen und Matthias Corvinus König von Ungarn, gewählt von den mächtigen Ständen ihrer Länder. Und auch im Reich muß der Kaiser um sein Überleben kämpfen. Sein Bruder Albrecht fordert Teile der Regentschaft und wird dabei von großen Teilen der österreichischen Stände unterstützt. („Geh' nach Graz", schreien die Wiener dem Kaiser hinterher, der der Erblinie nach Herzog der Steiermark und Kärntens ist.) Verhandeln, nachgeben, aber nicht ganz zurückweichen - diese Haltung hilft Friedrich gegen seinen Bruder, der 1463 stirbt und damit als Rivale ausfällt.

Die Ungarnkriege

Die größte Gefahr für Kaiser Friedrich ist jedoch der machtbewußte Matthias Corvinus, König von Ungarn. Von der Mehrheit der ungarischen Stände gewählt - eine Minderheit bestimmt den Kaiser zum Gegenkönig -, kann Corvinus Friedrich auch militärisch schlagen. Die Angriffe der ungarischen Söldner waren - schon vor den Türken - der erste konkrete Anlaß für die Steiermark, die Landesverteidigung insgesamt und ständisch zu organisieren. Das Verteidigungssystem ist zwar einsatzbereit, gegen die geballte Kraft der Ungarn reicht der Widerstand jedoch nicht aus. Die kriegerischen Auseinandersetzungen dauern mit Unterbrechungen von 1446 bis 1490. Immer wieder wird der Kaiser geschlagen, jedoch nie vernichtend. Die wichtigste Option kann Matthias Corvinus nicht aufheben: nach Aussterben der corvinischen Erblinie wird die Stephanskrone an das Haus Habsburg fallen. Als Matthias Corvinus 1490 stirbt, hat er keinen männlichen Nachkommen - nur einen unehelichen Sohn, den als Erben aufzubauen ihm mißlingt. Kaiser Friedrich III. hat auch diesen Rivalen überlebt, aber der Preis des Sieges ist hoch: über vierzig Jahre Plünderungen und Brandschatzungen - nicht nur von den Ungarn, sondern auch von den Söldnern, die der Kaiser selbst ins Land geholt hat, dann aber nicht mehr bezahlen kann. Die Männer halten sich an des Kaisers Untertanen schadlos - und die Verachtung gegen den Monarchen wächst weiter. Schließlich ist die chronische Geldnot Friedrichs auch schuld an einer Inflationswelle, ausgelöst durch die Prägung der „Schinderlinge", minderwertiger Münzen, die der Kaiser in großer Zahl in Umlauf bringen läßt und deren Annahme bald verweigert wird. Eine der übelsten Konsequenzen der verzweifelten Lage: Judenpogrome mit bisher so in Österreich nicht gekannter Grausamkeit und die Schmähung Friedrichs als „Kaiser der Juden". Die Krise ist also nicht nur eine gesellschaftlich-funktionale, sondern vor allem auch eine ökonomische. Und die Suche nach den Schuldigen funktioniert in den altbekannten Mustern ...

Die Brutalität der Ungarn steht denen der Türken nicht nach. Beschreibungen der Mordbrennereien werfen ein Licht auf die Lebensumstände in einem Gebiet, das den Wirren der wechselnden Bündnisse ausgeliefert war: Als Matthias Corvinus 1480 Radkersburg und Fürstenfeld angreifen läßt, wird erstere Stadt sturmreif geschossen, Fürstenfeld geht im Hagel der Brandpfeile in Flammen auf. Die Bewohner, die nicht verbrannten, werden verschleppt, endlich stehen nur noch drei Häuser und das Kloster. Dieses wird vollständig geplündert, ein Mönch ermordet und die anderen elf 15 Tage „gefangen und wie Vieh behandelt", wie es der Prior Augustin später berichtet. An allen dieses Untaten waren, so der Augustiner in seinem Augenzeugenbericht, „verkommene Franziskanermönche" aus Ungarn beteiligt.

Die Grenzen verschwimmen. Wer Freund ist, wer Feind, läßt sich manchmal erst zu spät feststellen. Die Bürger der kleineren, schutzlosen Städte und die Bauern sind zuallererst Opfer. Und die Furcht vor den Türken wird hemmungslos von allen Seiten instrumentalisiert, schon bevor sie wirklich vor den Pforten stehen. Matthias Corvinus versteht es, sich als

Held gegen die Türken zu verkaufen. Und unter dem Vorwand, die Festungen unter seinen Schutz zu stellen und die Türken abzuwehren, übernimmt er die Burgen des Salzburger Erzbischofs Bernhard von Rohr und des Seckauer Bischofs Christoph von Trauttmansdorff. Beide verbünden sich nur zu gern mit dem Ungarn, hat der Kaiser doch versucht, sie durch eigene Vertraute zu ersetzen.

Corvinus schürt nach Kräften den Mißmut gegen den Kaiser, dem er - Symbolpolitik - selbst immer scheinbar unterwürfig gegenübertritt. Der Ungar unterstützt den Krainer Ritter Andreas Baumkircher bei seiner Fehde gegen den Kaiser - eine Fehde ist ein äußerstes Rechtsmittel unter Einschluß von Gewaltausübung bei schweren Vergehen, das von Standespersonen unter Einhaltung von genauen Regeln auch gegen den Kaiser statthaft war. Baumkircher war ein Getreuer des Kaisers, dem der Monarch große Geldbeträge zur Söldnerfinanzierung schuldete. Als auf Rückzahlung nicht mehr zu hoffen war, schwang sich Baumkircher zum Anführer der steirischen Adelsopposition gegen den Kaiser auf und führte Krieg gegen Friedrich. Ein weiterer Anlaß zu Plünderung, Verheerung und Verwüstung, die das Land schwächte. Beendet wurde die Auseinandersetzung in einem Wortbruch des Kaisers. Unter Zusicherung freien Geleites wurden Baumkircher und die Anführer des widerstrebenden Adelsbundes nach Graz bestellt und dort enthauptet. Bemerkenswerterweise übernahmen in den ständigen Verhandlungen zwischen Kaiser, Baumkircher und Corvinus die steirischen Stände den Sold für Baumkirchers unbezahlte Söldner, die plündernd im Land umherzogen. Diese konnten so zum Abzug bewegt werden. Also schwankten nicht nur Kaiser und ungarische Gegner, sondern auch die Stände in ihren Bündnissen. Welche Stärke konnte sich der Adel leisten? Wann war es opportun, wem zuzusprechen? Friedrichs bedenkenloses, heftiges Eingreifen in der Baumkircherfehde scheint ihm wenn nicht Respekt, so doch Furcht der anderen eingebracht zu haben. Der kleingewachsene, melancholische Mann, der eine außerordentliche Abneigung gegen die Sauf- und Freßgelage der herrschenden Schicht der Zeit hegte, der zu keiner Geselligkeit bereit war und schon deshalb als eigenbrötlerischer Mensch galt, sicherte sich durch sein unberechenbares Handeln und sein taktisches Geschick den Machterhalt für die Familie - und seinen Sohn Maximilian, den „letzten

Ritter", auf dessen Talent auch die Verächter des Kaisers große Hoffnungen setzten. Maximilian gelingt es, den Anspruch der Habsburger auf die ungarische Krone weiter zu festigen, das Ziel seines Vater war erreicht, die Ungarn geschlagen. Die gefährlicheren Feinde aber standen zur Ablöse bereit.

Wehrordnungen

Kaiser Friedrich III. pflegte lange zu schlafen. Sein Sekretär, der Humanist und spätere Papst Aeneas Silvius Piccolomini, hat über diese Eigenart des Kaisers - und über viele andere wie dessen Vorliebe für vegetarische Kost und seine Scheu bis Abneigung vor Frauen - ausführlich berichtet. Das Bild des schlafenden Kaisers wuchs jedoch von der bloßen persönlichen Anekdote zum politischen Bild. So wie sich der Kaiser meist der Inszenierung seiner Person über äußerliche, materielle Bilder verweigerte und individuelle bevorzugte, wandte sich gerade dies gegen ihn selbst. Sein Verzicht auf prunkvolle Kleider galt nicht als Bescheidenheit, sondern als Geiz. Da, wo er sich für das Bild entschied, kam es zu Peinlichkeiten: Der mit Edelsteinen kostbar besetzte Mantel zur Kaiserkrönung weckte in Rom Begehrlichkeiten; das Volk wollte ihn, wie es alter Brauch war, zerreißen; beim darauffolgenden Handgemenge gab es Tote. Allerdings weckten gerade Edelsteine des Kaisers Interesse. Er sah in ihnen jedoch weniger Wertgegenstände als magische Objekte, gemäß der Tradition der Alchemie. Die Wertschätzung des Monarchen für Mystisches, für verborgene symbolische und energetisch-philosophische Zusammenhänge, läßt sich auch aus seinem Universalitätssymbol der Vokale AEIOU ablesen, die er als Zeichen oftmals verwendete. Also ist mit den kaiserlichen Bildsetzungen eher in diesem innerlichen, philosophischen Sinne umzugehen als im machtpolitischen. Dafür spricht auch eine Beobachtung des Chronisten Johannes Grünpeck, der berichtet, Kaiser Friedrich sei zwar von sehr kleiner Gestalt gewesen, habe aber von Jugend an geübt, sein wenig vorteilhaftes Äußeres trotzdem monarchisch wirken zu lassen: der Gesichtsausdruck sei von Ernst und heiterer Bescheidenheit geprägt gewesen. Friedrich arbeitete also mit einer individuellen, persönlichen Bildsprache der Physiognomie. Der schlafende Kaiser: für seine

Gegner Symbol des mangelnden Schutzes, für das Alleingelassenwerden, für die fehlende kaiserliche Fürsorge ganz im Sinne des alten ständischen Bewußtseins.

Im Jahre 1470 taucht zuerst in Wien und bald darauf in Graz ein Anschlag auf, ein Pamphlet gegen den Kaiser, die sogenannte „Minoritenpredigt": Der Kaiser schlafe, die Not des Reiches kümmere ihn nicht. Habe er nicht bei seiner Krönung ein Schwert erhalten und kein Buch (das Buch gilt hier als Symbol weltabgewandten, melancholischen Gelehrtentums), ein Schwert zum Schutz seiner Länder? Doch Türkengefahr und Fehden interessierten ihn nicht. Er habe kein Geld? Nun, quäle er nicht die Armen mit immer neuen Steuern, verfüge er nicht über das Eigentum der Kirche, als sei es sein Eigenes? Wo sind die Einkünfte aus Jahrzehnten? Die Untertanen seien nicht gehorsam? Doch der Ungehorsam entspringt mangelnder Fürsorge und Aufsicht. Das Geld werde schlechter durch Gier, die Fürsten mißachten die Rechte der Untertanen, und was geschieht? Alle schweigen, auch Prälaten und Papst. Deshalb müsse ein kleiner Minorit auf all diese Ungerechtigkeit aufmerksam machen. Man werde sich selbst helfen.

Sich selbst helfen - eine Ungeheuerlichkeit in einem funktionierenden Abhängigkeitssystem, wo die Abhängigkeit des Schwachen ja gerade durch die Schutzversprechen der Herrschenden gerechtfertigt wird. Gilt diese Schutzzusage nicht mehr, gerät das gesamte Unterordnungsverhältnis ins Wanken. Die Untertanen verlangen mehr Rechte, da sie sich selbst überlassen werden und sich verteidigen. Ein gefährlicher Sprengsatz an der alten Ordnung, der dem Kaiser wohl bewußt ist. Doch einzudämmen sind diese Ermächtigungsbestrebungen nicht, es geht ums Überleben. Die erste allgemeine Wehrordnung gegen die Überfälle der Ungarn erlassen die steirischen Landstände im Jahre 1443. Sie beruht auf einer Volkszählungsstruktur, die schon in den Jahrzehnten zuvor eingeführt worden war. Basis der militärischen Aufgebote waren die Pfarren, die zu mehreren zusammengefaßt die Kernbezirke der Organisation bildeten. Adeligen als Hauptleuten unterstellt, war das ganze Land insgesamt in 22 Bezirke unterteilt, denen 75 Hauptleute vorstanden. Von der männlichen bäuerlichen Bevölkerung wurde je nach körperlicher Befähigung jeder zehnte zum Kriegsdienst zu Fuß ausgewählt, die übrigen neun hatten dessen Verpflegung und Ausrüstung sicherzustellen und seine Arbeit zu übernehmen, so er im Kriegsdienst war. Zwanzig dieser Männer bildeten eine „Rotte“; weitere Angaben bestimmten deren Bewaffnung und den Ort, an den sich die Rotten bei der Einberufung begeben sollten, um sich dort mit den Söldnern und den Reitern zu versammeln, die vom Adel, dem Klerus und den Städten und Gemeinden gestellt werden mußten. Das Steueraufkommen galt dabei als Bemessungsgrundlage für die Verpflichtungen der Besitzenden.

Die Steuer als Maßstab für die Beteiligung an der allgemeinen Aufrüstung: deutlicher kann ein Symbol für die Ermächtigung der neuen Oberschicht nicht ausfallen; die Verpflichtung ist gleichzeitig Macht, und der Kaiser nahm dies nur sehr widerstrebend hin. Denn die Einberufung des Landesaufgebotes hatte von den Landständen zu erfolgen. Friedrich mußte also diese bitten - ein Kaiser als Bittsteller vor den Ständen, das war nicht gerade die Position, die er sich wünschen konnte. Aber er war ökonomisch abhängig. Mit der Minderung der eigenen finanziellen Mittel war er umso mehr angewiesen auf Unterstützung. Schnell nutzten die steirischen Landstände die eigene Ermächtigung zu einer Verbesserung ihrer Position: 1462 erließen sie auf dem Landtag zu Leibnitz eine neue Verteidigungsordnung, die an eine neue, straffere Organisation der Steuererhebung gekoppelt war. Um rasch und effektiv die Kriegssteuern erheben zu können, wurde das Land in vier Steuerbezirke eingeteilt und für jedes Viertel zwei Steuereinnehmer bestellt. Auch die Führung des militärischen Landesaufgebotes wurde festgeschrieben. Ein vom Landtag bestellter und bezahlter Feldhauptmann hatte nicht nur die Befehlsgewalt über das Aufgebot, sondern auch das Recht, aus den Steuereinnahmen zusätzlich Söldner anzuwerben. Dem Kaiser trat in den Ständen - so sie einig waren - ein mächtiger Konkurrent auf einem Gebiet gegenüber, in dem er selbst deutliche Schwächen offenbart hatte.

Das Aufgebot

Kaiser Friedrich ließ nach der Wehrermächtigung der Stände verlauten, hier werde „eine Verschwörung“ gegen ihn geplant, einschreiten aber konnte er nicht, er war auf Hilfe angewiesen. Der steirischen Einteilung in Steuerbezirke (die Viertel wurden bezeichnet: „enhalb der Piberalm - Obersteiermark; hiedishalb der Stanzeralm oder des Mürztales - Oststeiermark; hiedishalb der Piberalm - zwischen Mur und Drau ; und enhalb der Traa - südlich der Drau) folgten genaue Festlegungen, wieviel und welche Waffen und Ausrüstungsgegenstände bereitgehalten werden mußten. Dazu kam die Aufforderung an Städte und Märkte, Munitionsdepots und Proviantlager einzurichten - die Keimzelle des Zeughausgedankens, das als solches ein Symbol der Ermächtigung der Landstände ist.

Wie überlebenswichtig eine eigene Verantwortung zur Landesverteidigung war, zeigen die Ereignisse des Jahres 1469, in dem die wahrhaft Bedrohten, die Angehörigen des Bauernstandes in der Obersteiermark, ihre Herren ultimativ aufforderten, konkrete Schritte zu ihrer Verteidigung zu unternehmen. Die Bauern sorgten sich zu Recht sowohl wegen der ständig wachsenden Bedrohung durch die Türken als auch wegen der Auswüchse der Fehde um Andreas Baumkircher. Auch hier ist die Drohung eine Art Revolution im hergebrachten Kräfte- und Machtverhältnis: Würde die Obrigkeit untätig bleiben, werde man sich selbst helfen. Was nichts anderes hieße, als daß die strengen Verbote gegenüber den Bauern, Waffen zu tragen, unwirksam würden, mit allen Konsequenzen. Die Städte und der Adel zeigten sich alarmiert. Gemeinsam mit den Bauern einigte man sich auf eine Wehrordnung, die den Kaiser überhaupt nicht mehr einbezog. Was besonders bemerkenswert ist: die Wehrordnung ist eine Sammlung von lokalen Maßnahmen zum Schutz der Höfe und Dörfer, die insgesamt aus dem Bedürfnis der Betroffenen heraus entwickelt wurden. Der Verteidigungsplan beruht auf den Einteilungen der Pfarren, von diesen lokalen Zellen aus wurde der Schutz organisiert. Ein Warnsystem, verantwortet von einem örtlichen Hauptmann - Glockenläuten und Signalfeuer - entstand, und jede Pfarre war in einem bestimmten Grenzabschnitt für Befestigungsarbeiten verantwortlich. Die Bewachung dieser Gebiete war in einem achttägigen Turnus organisiert, geleitet wurden die Unternehmungen von den Grundherren und Vertretern der Städte und Märkte. Ein kooperatives Konzept, das Eigenverantwortung stärkte und so zur Ausbildung eines spezifischen, im herkömmlichen Lehensmodell unbekannten Selbstbewußtsein des einzelnen führte. Ein Selbstbewußtsein, das gerade für die unterprivilegierten Schichten keineswegs selbstverständlich und ausgesprochen modern war.
Schon ein Jahr später wurden die Verteidigungsmaßnahmen auf ihre Tauglichkeit überprüft und in einigen Punkten revidiert. Die Bauernschaft tritt geschlossen auf, gestärkt und mit klar formuliertem Interesse. Aber auch die Vertreter der höheren Stände ziehen Kontrollmaßnahmen ein -

angestrebt wird eine Partnerschaft, ohne die hierarchische Ordnung zu zerstören. Das Ergebnis fällt zur beiderseitigen Zufriedenheit aus. Den bäuerlichen Pfarrhauptleuten, die für die Musterung und Bewaffnung der Aufgebotsmänner verantwortlich sind, werden adelige Kommandanten übergeordnet. Und auch eine zu starke Lokalisierung im Eigeninteresse gilt es zu verhindern: gegenseitig besteht eine Verpflichtung, den anderen Vierteln auszuhelfen, falls die Lage dort bedrohlich werden sollte. Dazu werden Verhaltensmaßregeln genau definiert, welche die neue Ermächtigung in Bahnen weisen: zum einen sollen Verdächtige Fremde und mögliche Spione (Türken und Ungarn arbeiteten mit Spähern, die geeignete Angriffsziele auskundschafteten) zielgerichtet aufgehalten werden. Ansonsten ist jedoch Gewaltanwendung auch im Streitfall strengstens untersagt. Das Gewaltmonopol der Herren darf nicht angetastet werden, nur im Ausnahmefall der Verteidigung nach außen.

So genährte Identität hat Konsequenzen: Als Kaiser Friedrich 1470 für die obersteirischen Bauern eine Sondersteuer zur Verteidigungsfinanzierung erläßt, weigern sich diese zu zahlen. Mit den eigenen Maßnahmen zum Schutz des Landes, all den Bauarbeiten und dem Wachdienst, habe man genug geleistet. Die Pflicht sei erfüllt.

Die Anmerkungen zu den „Gottesplagen“ in der Steiermark beruhen auf
Dorothea Wiesenberger, Türken, Pestilenz und Heuschrecken;
in: Die Steiermark - Brücke und Bollwerk; Katalog der Landesausstellung 1986, Graz 1986 (künft. BuB 86).
BuB 86 zitiert auch die Stiftschronik Göß.
Über die ersten Angriffe der Türken und Ungarn und die Reaktionen darauf siehe
Harald Heppner, Das Vordringen der Osmanen in Europa;
Peter Jaeckel, Organisation des Früh-Osmanischen Heeres;
Alois Ruhri, Landesverteidigungsreformen im 15. Jahrhundert und Neue Wege der Heeresaufbringung;
alle BuB 1986.

Die Berichte über die Ungarnkriege und die Baumkircherfehde (und die Vorfälle in Fürstenfeld sowie die Minoritenpredigt) fußen auf Roland Schäffer,
Die Baumkircherfehde;
Roland Schäffer, Kaiser Friedrich III. und die Ungarn;
András Kubbinyi, Ungarn und die Türkenabwehr bis 1526;
alle BuB 86.
Die Zitate über Kaiser Friedrich III. habe ich entnommen aus
Alphons Lhotsky, Kaiser Friedrich III., in: Aufsätze und Vorträge 2, Wien 1971;
und Philippe Braunstein, Annäherungen an die Intimität;
in: Philippe Ariès und Georges Duby (Hrsg.), Geschichte des privaten Lebens 2, Frankfurt 1990.

Innenräume – Außenräume

27. April 1998
Ins Zeughaus gegangen,
um Zeitung zu lesen.

„Die Eskalation der Krise in der serbischen Provinz Kosovo
hat zu einer gefährlichen Aufschaukelung
in den Beziehungen zwischen Albanien und Serbien geführt.
Auch im benachbarten Bosnien spitzt sich die Lage weiter zu.
Dort gehen seit Tagen serbische und kroatische Nationalisten
gegen Angehörige der jeweiligen Volksgruppe vor,
die in ihre Häuser zurückkehren wollen.
Unter dem Schutz von SFOR-Soldaten wurden gestern
200 Serben aus der bosnischen Stadt Drvar in die
bosnische Serbenrepublik evakuiert, nachdem tags zuvor
Kroaten deren Häuser angezündet hatten."

Jahrhunderte des Krieges, des Terrors lassen sich nicht aus den Köpfen radieren. Es ist einfach zu analysieren, daß eine Geschichte der Gewalt sehr leicht eine Gegenwart der Gewalt zeugen kann. Was das aber wirklich heißt, was es bedeutet, wenn Generation auf Generation in einem Kerngebiet des Krieges lebt und diesen Krieg perpetuieren muß, ist nur schwer zu erfassen. Das ehemalige Jugoslawien ist eine Zone der gewaltsam aufeinanderprallenden Welten. Die Vorfahren der meisten Menschen, die dort heute leben, sind im Bewußtsein des Krieges und zu kriegerischen Zwecken dorthin gezogen. Das muß Konsequenzen haben. Und der Blick auf die Waffen des Zeughauses, all die Spieße, Lanzen, Schwerter und Pistolen, wird noch einmal weniger idyllisch, weniger beruhigend, wenn man diese vor Augen der aktuellen Berichte aus dem Bürgerkriegsgebiet liest. All das Brennen und Morden entspricht auf entsetzliche Weise den Schilderungen der Gewalt, die an denselben Orten vor vierhundert oder dreihundert oder zweihundert Jahren ausgeübt wurde. In diesem Sinne wächst das Befremden, aber auch die Achtung vor dem Geschichtsträger Zeughaus mit jedem Moment der Vergegenwärtigung.

Ermächtigungen

Die Entwicklung des Krieges gegen die Türken und die Geschichte des „Heiligen Römischen Reiches Deutscher Nation“ sind als eine allmähliche Definition von Staatsräumen zu beschreiben, als Trennung von Innen- und Außenwelten.

Als Friedrich III. 1493 im für damalige Zeiten biblischen Alter von 78 Jahren starb, führte sein Sohn Maximilian gerade ein Söldnerheer gegen die Türken. Der „letzte Ritter“, als der er sich selbst gern darstellen ließ, wurde genausooft auch als „Vater der Söldner“ bezeichnet. Die angekauften Kampfspezialisten, die Eliteeinheiten aus skrupellosen, kriegserfahrenen Männern, sind letztlich entscheidend für Sieg oder Niederlage. Dies erkannte Maximilian, obwohl er in Büchern wie dem „Weißkunig“ für sich selbst noch einmal die alte, ständische Ordnung mit einem Kriegssystem propagierte, das ganz und gar ein dynastisches war. Scheinbar kämpfen noch nicht Völker gegen Völker, sondern Herren gegen Herren.

Mit der Zeitenwende um 1500 sind verschiedene Rivalitäten und staatsphilosophische Gegenbewegungen zu verfolgen, in denen es um Ermächtigung geht. Begehrlichkeiten, die sich an einem Machtvakuum entwickeln, in das unterschiedliche Kräfte vorzustoßen versuchen: Und für einen Moment scheint die Entwicklung offen. Da sind zum einen die Stände und reichen Städte, die erkennen, daß die zentrale Kaisermacht deutlich geschwächt ist. Der ökonomische Vorsprung der Städte wächst, ebenso ihr Selbstbewußtsein. So nehmen die Bürger der Stadt Brügge Maximilian im Jahre 1488 für drei Monate gefangen und pressen ihm weitgehende Zugeständnisse über ihre Souveränität ab. Zwar hält sich Maximilian nicht an die Versprechungen - aber die Ungeheuerlichkeit dieser Ermächtigung spricht für sich.

Zum anderen ist da das wieder neu aufflammende, dynastische Denken des Herrschers. Schon Friedrich hatte sich kraft seines Kaisertums als ein vor allen ausgezeichneter Monarch gefühlt - nur fehlten ihm die Mittel, dies auch in tatsächliche Macht umzusetzen. Maximilian denkt diese Erwähltheit fort. Sein Hochmut ist sprichwörtlich und es ist ein genealogischer. Tatsächlich sind die größten Erfolge des 1508 in Trient zum „Erwählten Römischen Kaiser" proklamierten Mannes - die Kaiserkrönung in Rom kam nicht zustande, weil die Venezianer Maximilian den Durchzug durch ihr Territorium verweigerten - in der Familienpolitik zu finden. Durch die Ehe mit Maria von Burgund fallen die Niederlande an das Haus Habsburg. Auch den von Friedrich durchgesetzten Anspruch auf die Stephanskrone und Böhmen kann Maximilian festigen. Die Hochzeit seines Sohnes Philipp mit Johanna, der Infantin von Aragon und Kastilien, soll schließlich auch für Spanien den Erbfall ermöglichen; Ehegrundlagen für ein Reich, „in dem die Sonne nicht untergeht".

Wie wichtig in diesem Zusammenhang die genealogischen Bezüge sind, zeigt sich nicht nur durch die in die Zukunft gedachten und geplanten Ehebündnisse - deren Vorteile in den meisten Fällen mit Gewalt gefestigt und bekräftigt werden mußten, da sich auch Rivalen Legitimierungen für ihre eigenen Ansprüche ausdachten. Ihre gedankliche Legitimität erhalten die Generationsfolgen durch Stammbäume, die in die Vergangenheit zurückgerechnet wurden. Schon die frühere, mittelalterliche Erhebung der Habsburger, die keine Kurfürstenwürde beanspruchen konnten, zu königsgleichen „Erzherzögen" war durch eine bewußte Geschichtsfälschung, das „Privilegium majus" aus dem Jahre 1358, begründet worden. Eine angeblich auf Julius Caesar und andere römische Herrscher zurückgehende Erklärung, die ein Sonderrecht für Österreich begründen sollte und in Wirklichkeit die plumpe Fälschung „eines Esels" war, wie es der Humanist Petrarca aufgrund einer sprachlichen Untersuchung feststellte. Was allerdings die Legitimität der Urkunde nicht untergraben konnte. Das Privileg setzte sich durch.

Kaiser Maximilian ließ sich Stammbäume entwerfen, welche die Herkunft der Familie noch über das antike Rom hinaus aus dem legendären Troja belegten. Eine Idee, mit der der Monarch nicht allein stand. Viele große Familien der Zeit ließen sich auf die Trojaner zurückrechnen, um der Herrschaft durch Ökonomie und schiere militärische Kraft eine grundsätzlich genealogische beizugesellen. Und - das ist entscheidend - auch die Türken nahmen sich von diesen Versuchen nicht aus. Nach der

Geschobene Harnischbrust um 1580/90

Eroberung Konstantinopels schreibt der Sultan an den Dogen von Venedig: „Warum wollen wir Krieg führen, da wir doch Brüder sind? Denn die Türken sind bekanntlich aus dem Brande Trojas hervorgegangen. Sie stammen von Turcus ab, der ein Sohn des Priamus ist wie Aeneas." Selbst ein türkischer Sultan mag nicht ausgeschlossen sein von der Berechnungskette der Abstammung. Ein Herrscher, der kraft seiner militärischen Stärke und seines anderen Glaubens scheinbar genug eigenständige Berechtigung hätte, selbstbewußt aufzutreten, konkurriert mit seinen Feinden im gedanklichen Krieg um die edle Herkunft.

Herrscher und Volk

Ein Denken und Verhalten, das sich aus genealogischen Rechtfertigungsüberlegungen speist, muß in Konflikt geraten mit dem Anspruch von Ständen und Städten, die ihr Selbstbewußtsein gerade auf die Faktizität des Ökonomischen bauen. Der genealogische Diskurs handelt in den Verhältnissen der Antike. Er tut so, als sei kein Bruch zwischen mythologischer Vergangenheit - die eine rein literarische ist -, römischer Geschichte und monarchischer Gegenwart existent. Die Berechtigung der Souveränität ist eine literarisch-philosophisch gedachte. Und sie ist so mächtig, daß sich auch die Türken ihrer bedienen wollen.

Die Kluft, die sich hier auftut, ist immens. Denn in der gleichen Zeit, in der sich der Kaiser auf Aeneas zurückbeziehen läßt, muß er sich vom Bürger Fugger exorbitante Summen leihen, um seinen Anspruch auch finanzieren zu können. In der gleichen Zeit, in der sich der mythisch aufgewertete Abkomme der antiken Helden über die Fortpflanzung ganze Reiche sichert, stellen sich seine Untertanen mit neuem Selbstbewußtsein dem Kampf ums Überleben und entscheiden, „sich selbst zu helfen". Sie fühlen sich nicht mehr geschützt von einem „väterlichen" Monarchen, dessen genealogische Rechtfertigung auch das antike Patriarchat einschließt, das in traditioneller Weise für die Abhängigen in Gerechtigkeit, Strenge und Gnade einsteht.

Die Gesellschaft schleudert zentrifugal auseinander, verschiedene Gruppen sind als Sieger möglich. In das Vakuum der Macht wollen auch die Unterprivilegiertesten vorstoßen. Die Bauern und Arbeiter, die erkennen, daß sie den Reichtum erwirtschaften, auf dem die anderen ihre Ansprüche errichten. Die Lösung des Konfliktes ist eine durch Gewalt.

Brust eines Feldküriß   Nürnberg   1577/78

Radschloßpistole

Ferlach
1. Hälfte 17. Jh.

Drakonisch sind die Maßnahmen, durch welche die Verhältnisse gefestigt werden. Bauernaufstände enden in blutigen Gemetzeln mit der Niederlage der Aufbegehrenden. Städtische Selbstherrlichkeit endet mit vorlauten Bürgermeistern auf dem Schafott. In den kommenden einhundert Jahren wird sich die Macht nach dem Moment der Auflösung immer weiter zentralisieren, allerdings um den Preis der Aufgabe mythischer Rechtfertigung. Die absolutistische Ermächtigung geht sowohl auf Kosten der möglichen Selbständigkeit der Untertanen als auch auf Kosten der mythisch-religiösen Erklärung der Macht. Die Souveränität des Königs ist immer mehr eine erzwungene - dadurch frißt letztlich das System Staat auch seinen Monarchen. Der absolute Herrscher ist eine neue Konstruktion - seine Rechtfertigung eine der Unterdrückung.

Während diese Unterdrückung Raum greift, rückt der Krieg aus der eigenen Gesellschaft an deren Ränder. Man verteidigt sich gegen einen Feind, der außen steht, der anders ist: Der Beginn des Krieges von Rassen und Völkern. Michel Foucault beschreibt es so: „In dieser Historie der Rassen und der ständigen Rassenkonfrontation unterhalb und innerhalb der Gesetze erscheint oder vielmehr verschwindet

Radschloßpistole

Ferlach
1. Hälfte 17. Jh.

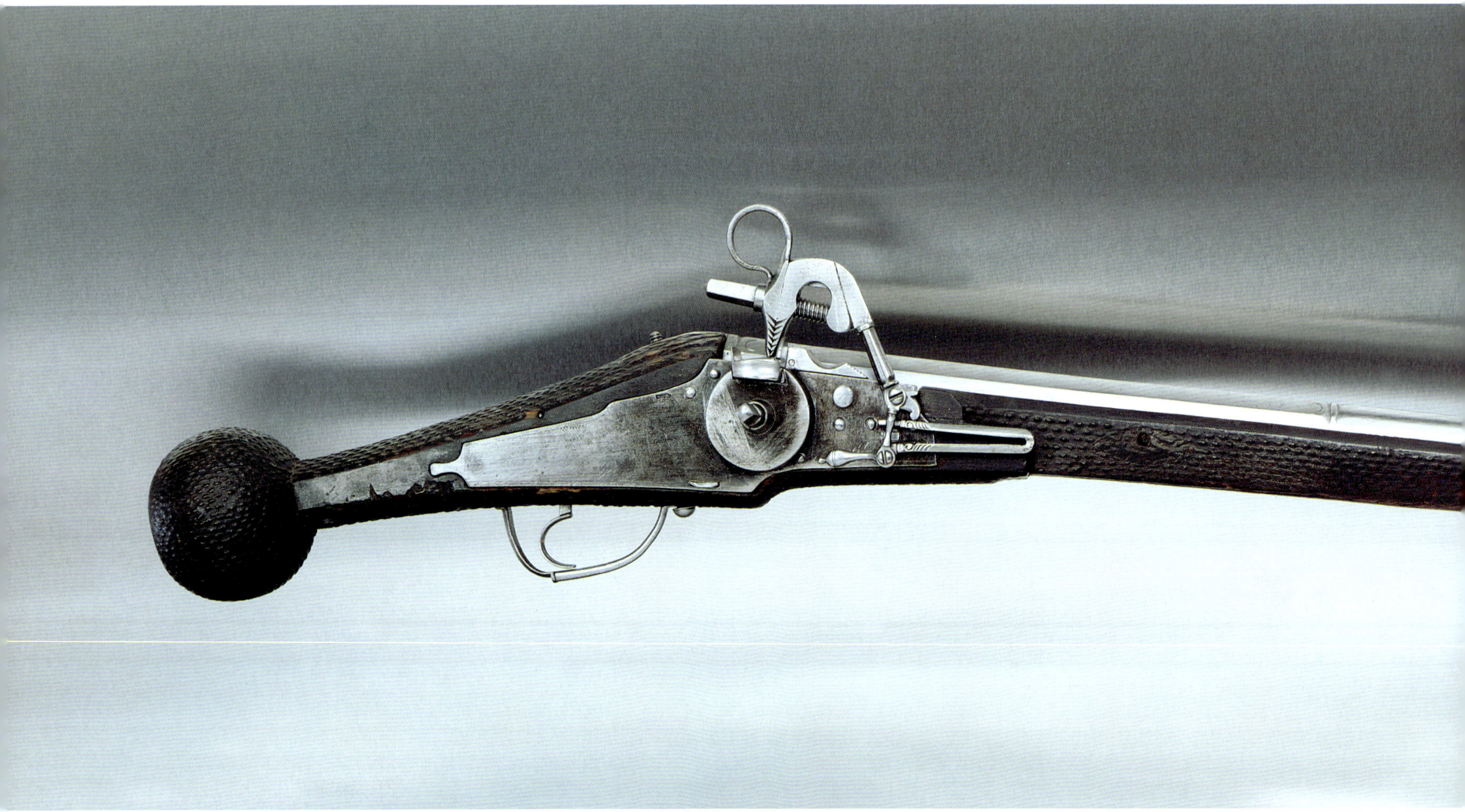

die von der bisherigen Souveränitätshistorie zustandegebrachte Identifikation zwischen dem Volk und dem Monarchen, der Nation und ihrem Souverän. In diesem neuen Typ historischer Rede und Praktik verbindet die Souveränität nicht mehr alles in einer Einheit der Nation oder des Staates. Die Souveränität hat nun eine besondere Funktion: sie verbindet nicht, sie unterjocht." Die Geschichte der Unterjochung reicht dabei vom brutalen Durchgreifen Maximilians gegen die Bürgermeister und Stadtsouveräne, die ihre Eigenständigkeit gegen ihn zu behaupten wagten, bis zur endgültigen Vertreibung des protestantischen Adels aus den österreichischen Kernlanden (über die Funktion der Reformation im Verhältnis der Definition von außen und innen wird noch zu reden sein) im Vorfeld des 30jährigen Krieges, der die Entwicklung abschließt.

Radschloßpistole	Länge	74 cm
Süddeutschland	Gewicht	1,73 kg
Ende 16. Jh.	Kaliber	13 mm

Gemeinsamer Feind

Der Krieg rückt an die Grenzen. Mit dem Ende der großen spätmittelalterlichen Fehden sind es die Bedrohungen von außen, gegen die sich Widerstand richten muß. War es die Entschlossenheit und die schiere Masse von einfach Bewaffneten, welche die ständischen Ritterheere des Mittelalters bezwang, schlägt das Pendel in der Kriegstechnik nun wieder zurück. Schon die Aufgebote der Schweizer verdankten ihren Erfolg ebenso dem unbedingten Einsatz aller Kämpfenden wie gut ausgebildeten Kriegsspezialisten. „Sich selbst zu helfen" - gegen die Schützen und schnellen Reiter kann es auf Dauer nicht gelingen. Die Landesverteidigung, von Bauern betrieben und von den Ständen befehligt, reicht nicht

Radschloßpistole		Länge	74 cm
Süddeutschland		Gewicht	1,73 kg
Ende 16. Jh.		Kaliber	13 mm

mehr aus. Dem Selbstbewußtsein gerade der einfachen, direkt bedrohten Menschen steht eine Kampfkraft gegenüber, der aus eigenen Mitteln nicht widerstanden werden kann. Die osmanischen Angreifer profitieren von der Entwicklung der Schußwaffen ebenso wie der Kaiser. Maximilian gründet seinen Erfolg auf Söldner und die Entwicklung von Kanonen mit vorher nicht gekannter Wirkung. Albrecht Altdorfer hat den Kaiser auf einer Illustration der „Ehrenpforte" - einem bildnerischen Triumphzug Maximilians, für den in Realität das Geld fehlte - inmitten von neuen Kriegsgeräten dargestellt, unter die geschrieben steht: „Er hat das greulichste Geschütz erdacht, mit großen Kosten zuweg gebracht."

Im Zuge der neuen Zentralisierung der Gewalt kommt es zu einer Reform der österreichischen Verteidigungsbemühungen, dem „Innsbrucker Defensionslibell" des Jahres 1518. Die Landstände von Niederösterreich, Oberösterreich, der Steiermark, Kärnten und Krain unterschreiben eine Verteidigungsordnung, die, ausgehend von der lokalen Selbsthilfe, einen weiteren entscheidenden Schritt in Richtung Staatsverständnis und Zentralität macht. Gegenseitige Waffenhilfe wird beschlossen.

Die Einrichtung von Kriegsräten mit einem Landesfeldhauptmann an der Spitze und die Einsetzung von Landmarschall, Landeshauptmann und

Musketenschaft
Süddeutschland

Anfang	17. Jh.
Länge	138,8 cm
Gewicht	1,18 kg

Vizedom organisieren die Verteidigung in den Ländern. Und schließlich wird festgeschrieben, daß im Verteidigungsfall der vom Kaiser bestellte und bezahlte oberste Feldhauptmann die letztliche Befehlsgewalt innehat. So sind die Grundlagen für eine zentrale militärische Führung gelegt, die in der weiteren Geschichte modifiziert und gestärkt wird. Nach der Erbteilung von 1564 (das „Reich, in dem die Sonne nicht untergeht" war nicht mehr zentral zu führen) stand den Ständen nun jeweils ein Landesfürst gegenüber, dessen Einfluß auf die Kriegführung immer weiter wuchs, wenn auch zunächst diese Teilung gegen die Zentralität zu sprechen schien.

Die „Katastrophe von Mohács"

„Ich glaube kaum, daß ein Türke so grausam ist, daß er den Christen mehr Böses wünschen kann, als sich die Christen gegenseitig zufügen", meinte der Humanist Erasmus von Rotterdam und legte damit Zeugnis ab über eine Zeit, in der Kaiser Maximilians Enkel Karl V. mit einer Söldnerarmee Rom besetzte, plünderte und erwog, den Papst zum Ketzer erklären und hinrichten zu lassen. Der „Sacco di Roma", 1527, an dessen Ende Papst Clemens gedemütigt vom Kaiser wieder eingesetzt wird und er diesen daraufhin in Bologna krönt (seit 1519 ist Karl schon „erwählter

Musketenschaft
Süddeutschland

Anfang	17. Jh.
Länge	138,8 cm
Gewicht	1,18 kg

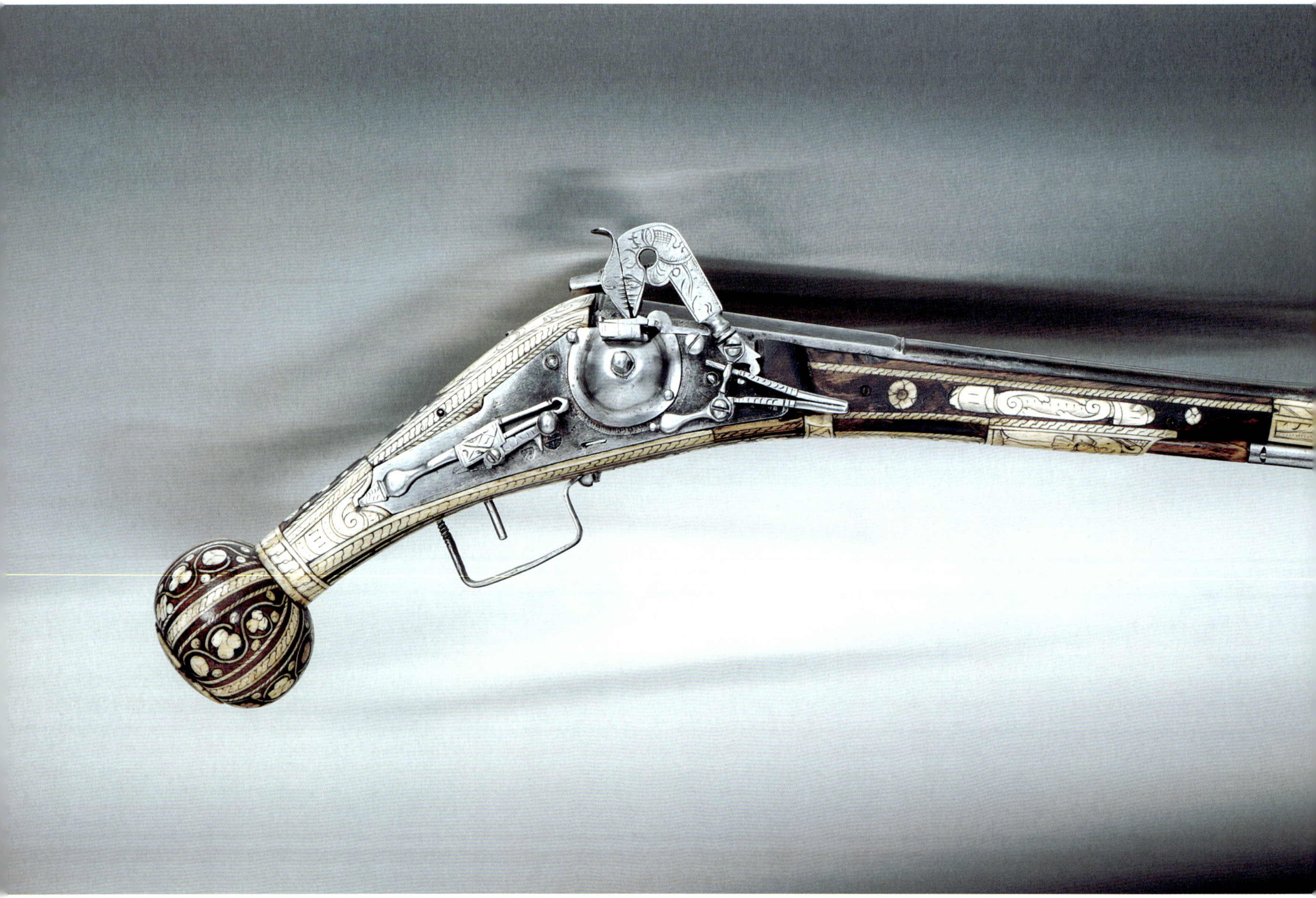

Radschloßpistole	Länge	50,3 cm
Nürnberg 1577/78	Gewicht	1,67 kg
	Kaliber	13 mm

Radschloßpistole		Länge	50,3 cm
Nürnberg 1577/78		Gewicht	1,67 kg
		Kaliber	13 mm

Radschloßpistole	Länge	61,1 cm
Ferlach	Gewicht	1,54 kg
1. Hälfte 17. Jh.	Kaliber	13 mm

Radschloßpistole	Länge	60,6 cm
Ferlach	Gewicht	1,50 kg
1. Hälfte 17. Jh.	Kaliber	13 mm

Kaiser"), kann als Symbol für die gesammelten Ungeheuerlichkeiten der Regierungszeit Karls V. gelten.

Während ein „entsprungener Mönch" namens Martin Luther vor dem Kaiser und dem Reichstag in Worms erklärt, nur seinem Gewissen und Gott gegenüber in Glaubensfragen verantwortlich zu sein, nicht der Kurie in Rom, während Luther vom Kaiser geächtet und vom Kurfürsten von Sachsen geschützt wird, bereitet König Franz I. von Frankreich ein Bündnis mit den Türken vor, um den Habsburger in Bedrängnis zu bringen. Während Hernan Cortez und Francisco Pizarro mit einer Handvoll gut gerüsteter Söldner und unzähligen indianischen Helfern die Reiche der Azteken und Inka vernichten, einen bis dahin unvorstellbaren Völkermord in Gang setzen und das alles mit der „Bekehrung der Heiden" rechtfertigen, übersetzt der ehemalige Mönch Luther auf der Wartburg die Heilige Schrift ins Deutsche, um Gottes Wort aus dem Monopol der Römischen Kirche zu befreien und möglichst vielen zugänglich zu machen. Und während bäuerliche und städtische Sozialrevolutionäre aus den Thesen der Reformation den Anspruch auf eigene Freiheiten ableiten und versuchen, diese mit Gewalt zu erringen, verwünscht eben jener Reformator die „räuberischen und mörderischen Rotten der Bauern" und propagiert die Gott wohlgefällige Unterordnung unter das Primat des Fürsten.

In eben jener Zeit eint der Sultan Süleyman, genannt „der Prächtige", die inzwischen in Ägypten und im arabischen Raum erfolgreichen, aber auch von Nachfolgestreitigkeiten aufgeriebenen Osmanen und setzt zu einem großen Eroberungszug gen Westen an. Im Jahre 1521 wird Belgrad eingenommen. Und am 29. August des Jahres 1526 besiegt die türkische Armee unter Süleyman bei Mohács die Ungarn unter König Ludwig II., der auf der Flucht nach der verlorenen Schlacht hilflos ertrinkt. Zum einen stehen damit die Osmanen direkt an der Grenze zu Österreich, zum an-

Radschloßpistole		Länge	61,1 cm
Ferlach		Gewicht	1,54 kg
1. Hälfte 17. Jh.		Kaliber	13 mm

deren tritt der Erbfall für Ungarn und Böhmen ein, denn Ludwig hinterließ keinen Sohn. Schon Friedrich III. hatte sich ja den Anspruch auf eine habsburgische Erbfolge bei Tod der männlichen Erbberechtigten gegenüber Matthias Corvinus sichern können, Maximilian hatte den Vertrag bekräftigt und durch die Ehe des Königs Ludwig mit Maria, Erzherzogin von Österreich, auch im genealogischen Bündnis gefestigt - zumal Erzherzog Ferdinand I. wiederum mit Ludwigs Schwester Anna vermählt worden war. Ferdinand I. war damit legitimer Thronerbe in Ungarn und Böhmen - nach zahlreichen Zugeständnissen gegenüber den heimischen Ständen und der Niederwerfung des ungarischen Gegenkönigs Johann Zapolya waren diese schließlich auch bereit, Ferdinand I. zu wählen. Noch einmal konnten sich also zumindest die Stände Böhmens und Ungarns einige Freiheiten herausnehmen und ihre Eigenständigkeit bewahren. Auch Kaiser Rudolf II. rangen die Böhmen später Rechte ab (insbesondere, was die religiöse Freiheit betraf), die Niederlage in der Schlacht am Weißen Berg und die Vertreibung des protestantischen „Winterkönigs" Friedrich von der Pfalz aus Prag zu Beginn des 30jährigen Krieges leiteten jedoch schließlich die völlige Unterwerfung unter die katholische Macht Habsburgs und ihres Universalitätsanspruchs ein.

Die erste Belagerung Wiens

Bis zur endgültigen Durchsetzung absolutistischer Souveränität sollte es allerdings noch zahllose Opfer geben. Über 20 000 Ungarn fielen allein in der Schlacht von Mohács. Und Sultan Süleyman marschierte 1529 mit rund 100 000 Mann auf Wien. Die Belagerung währte rund einen Monat und blieb erfolglos. Die Türken zogen wieder ab, nicht ohne eine Spur der Verwüstung und Plünderung zu hinterlassen. Während sich der geschlagene ungarische Gegenkönig Zapolya mit den Türken verbündete und dadurch Siebenbürgen unter ihrem Primat beherrschte, richteten sich die Türken im Osten Ungarns ein. Ferdinand I. konnte mit Unterstützung seines Bruders und Kaisers Karl nur einige Landesteile im Westen Ungarns für sich erobern, Ungarn war de facto in drei Teile getrennt.

Radschloßpistole
Ferlach
1. Hälfte 17. Jh.

Länge	61,1 cm
Gewicht	1,54 kg
Kaliber	13 mm

Der große Feldzug des Jahres 1532 unter persönlicher Teilnahme des Kaisers brachte nicht die erwünschten Erfolge, dafür einige fatale Nebenerscheinungen für die österreichischen Bauern: Auf dem Rückzug plünderten die Söldner des Kaisers in Ermangelung reichhaltiger Beute die österreichischen Lande und benahmen sich kaum weniger grausam als das türkische Heer, das im Auf und Ab der gegenseitigen Verfolgung 1532 fast bis an die Stadtgrenzen von Graz vorstieß und zahlreiche Ortschaften in der Steiermark plünderte und verwüstete. Erasmus von Rotterdam hat solche Begebenheiten - beileibe nicht die einzigen in diesen Jahren - gemeint, als er von der Grausamkeit jenseits aller religiösen Schranken sprach.

Die Konsequenzen waren in jeder Hinsicht verheerend. Geraubte und verzehrte Ernten, vernichtete und verbrannte Häuser, geplünderte Kirchen, entführte oder abgeschlachtete Menschen - die Greuel nahmen ungeahnte Ausmaße an. Gerade die Versklavung und Entführung von Menschen waren oft eingesetzte Mittel der Kriegführung. Die Osmanen gewannen ihre skrupellosesten Truppen aus geraubten christlichen Kindern, die in Militärschulen zu fanatischen Kämpfern ausgebildet und dann in den Krieg geschickt wurden. Trotzdem ist nicht zu übersehen, daß die christlichen Gegner mit ähnlichen Mitteln vorgingen, ebenfalls Sklaven erbeuteten (keineswegs nur im „fernen" Amerika, sondern auch in Europa) und niemanden schonten, schon gar nicht die eigenen Untertanen. Gerade deshalb setzt jedoch eine Kampagne zur Verteufelung der Osmanen ein, die mit den modernen Publikationsmitteln der damaligen Zeit, mit Druckwerken und Flugblättern, betrieben wird. Die Türken - ein Beleg mehr für das Nach-Außen-Stellen des Krieges bei gleichzeitiger Ermächtigung im Inneren - werden zum Feind schlechthin. Das Fremde, Unerklärliche gilt als Begründung für immer neue Steuern, für immer neue Grausamkeiten gegen die eigene Bevölkerung und nicht zuletzt als Berechtigung für die zentrale Ermächtigung der Fürsten, die als Verteidiger gegen die Türken gefeiert werden. Warum jedoch die Osmanen bei aller militärischen Überlegenheit zu dieser Zeit nicht konsequenter expansiv vorgingen, bleibt fraglich. Sicher ist, daß sie es nicht auf eine Art des Glaubenskrieges abgesehen hatten, der ihnen von christlicher Seite unterstellt wurde. Nicht um die Auslöschung christlicher Kultur ging es, sondern um den Beweis islamischer Überlegenheit in dem Sinne, im Islam nicht die Verdrängung, sondern die Vollendung des im Jüdischen und Christlichen angelegten monotheistischen Glaubens erlangt zu haben. Der Friede Ferdinands I. mit den Osmanen unter gleichzeitiger Anerkennung ihrer ungarischen Ansprüche und der symbolischen Unter-

Radschloßpistole
1. Viertel 17. Jh.

Länge	58,8 cm
Gewicht	1,39 kg
Kaliber	10,2 mm

werfung des Habsburgers als Tributpflichtigem des Sultans im Jahre 1547 war so sicher entscheidend: Auf der politischen Symbolebene mußte der christliche Herrscher die Vormacht eines Osmanen anerkennen.

Ständische Reaktionen

Die ständischen Aufgebote der Zeit konnten gegen die geballte Kriegsmacht der Osmanen (oder gegen die routinierten Plünderer des kaiserlichen Söldnerheeres) nicht viel ausrichten. Die steirischen Landstände reagieren mit einer Vielzahl von unterschiedlichen Versuchen: im Augenblick der größten Macht Süleymans verzichten sie auf die weitgehend wirkungslosen, aufgeriebenen Volksaufgebote und heuern selbst Söldner an. Die Kosten dafür haben selbstverständlich die Untertanen aus dem Steueraufkommen zu tragen. Dann wieder versuchen die Stände, in schärferen Musterungen und genaueren Erlassen das Volksaufgebot wirkungsmächtiger zu machen. Vor allem geht es dabei darum, Männer aus dem Volk als Büchsenschützen auszubilden, also in einer professionellen Kriegstechnik zu unterweisen, ohne die ein Kampf inzwischen nicht mehr erfolgreich bestanden werden kann. Dazu wird jeder dreißigste Mann im wehrfähigen Alter herangezogen, so beschließen die steirischen Stände im Aufgebotspatent des Jahres 1556.

Als Idealform wurde also eine Art gut ausgerüstete und ausgebildete „Eliteeinheit“, unterstützt von den „Gültreitern“ sowie von angeworbenen Söldnern und einer Masse von Fußvolk angestrebt. Die Wehrpflichtigen hatten ausgerüstet und bewaffnet zur Musterung zu erscheinen - die Hoffnung lag in einer Art von Volksbewaffnung, die von der Obrigkeit kontrolliert werden sollte. Weitergehend zielten die Bestrebungen jedoch in eine andere Richtung: den Krieg vom eigenen Territorium möglichst fernzuhalten, eine Art vorgeschobener Grenze aufzubauen und den Gegner schon im Vorfeld abzuwehren - die Verlagerung des Krieges an den Rand, nach außen, diesmal betrieben von den Ständen. Mittel für diese Bereinigung des eigenen Territoriums vom Krieg war die sogenannte „Confin“, die vorgeschobene Militärgrenze auf dem Gebiet Ungarns, Sloweniens und Kroatiens. „Befriedung“ und Ermächtigung im Inneren, Konzentration und Beruhigung - das war der eingeschlagene Weg, der sich schließlich als sehr wirkungsvoll erwies.

1555 wird der „Augsburger Religionsfriede“ geschlossen, der die Gleichberechtigung von protestantischem und katholischem Bekenntnis nach der Formel ordnete, daß der Fürst eines jeweiligen Landes dessen Reli-

Pulverflasche	um	1570
	Höhe	14,7 cm
	Gewicht	335 gr

gion bestimmt. 1556 dankt Karl V. ab, Ferdinand I. wird Kaiser. Die Utopie des Weltreiches, die Karl V. gepflegt hatte, zerfällt in Realpolitik. Philipp II. wird König in Spanien und kann weder die Freiheitsbestrebungen der Niederlande noch die Erstarkung Englands aufhalten.

Als Kaiser Ferdinand I. 1564 stirbt, kommt es ebenfalls noch nicht zu einer zentralistischen Einheit, wie sie zur gleichen Zeit in Frankreich und England machtpolitische Realität wird, sondern zu einer weiteren Herrschaftsteilung, die Ferdinand für seine Söhne ausgearbeitet und testamentarisch festgelegt hatte: Maximilian II. (dem ein starker Hang zum Protestantismus nachgesagt wurde), schon zu Lebzeiten seines Vaters König von Böhmen und Ungarn, wurde Kaiser und bekam von den Erblanden „Donauösterreich" zugesprochen. Karl II. wurde Erzherzog von Innerösterreich (mit den Ländern Steiermark, Kärnten und Krain), und Ferdinand II. wurde Erzherzog von Tirol (und den weiteren verstreuten Besitzungen in Süddeutschland). Für die steirischen Stände, inzwischen weitgehend protestantisch, war das noch einmal die Gelegenheit, neue Privilegien zu fordern. 1564 beschließen die Stände wiederum eine Revision ihrer Verteidigungsbestrebungen, in dem sie noch deutlicher eine allgemeine Volksbewaffnung verlangen, unter weitestgehendem Verzicht auf das Anwerben von Söldnern. Selbstbewußt stellen sich die Stände dem Erzherzog entgegen. Insbesondere aus der Verwaltung der Militärgrenze lassen sich enorme Profite erwirtschaften. 1572 muß Erzherzog Karl II. den Ständen in der „Religionspazifikation" Religionsfreiheit zugestehen. In der Folge wächst das ständische Waffenarsenal; schließlich ist die Grenze wirksam zu verteidigen - man muß große Mengen von Kriegsmaterial ankaufen und lagern. Was zum einen zu einem Rüstungsboom nicht nur in der Steiermark führt und zum anderen auch zur organisierten Planung von Kampfeinsätzen und der Lagerung des Materials.

In der Defensionsordnung von 1575 und auf dem Brucker Landtag von 1578 wird schließlich die weitergehende Volksbewaffnung beschlossen und die Verteidigungs- und Organisationstaktik an der Militärgrenze festgeschrieben. Die Stände des Königreiches Kroatien wurden dabei entmündigt und die Verwaltung der Grenze den innerösterreichischen Ländern auch formal zugebilligt. Damit war die Verlagerung des Krieges an die Außenhaut des Staates abgeschlossen, die innere Ermächtigung konnte Raum greifen.

Konsequenzen der Reformation

Der Protestantismus trägt zur Ermächtigung eines „modernen" Staatswesens im 16. Jahrhundert entscheidend viel bei. Schon von der Glaubensphilosophie her ist er eine Religion der Trennung und Abgrenzung, er definiert Außen- und Innenräume neu. Luther hatte sich explizit am Ablaßhandel der römischen Kirche empört und daraus seine Thesen abgeleitet. Diese ziehen in der politischen Konsequenz eine Trennung von Rom und damit auch von der antiken römischen Geschichte nach sich. Ist die Geschichte der Souveränität des Kaisers eine Geschichte, die an Rom und die römische Mythologie anknüpft, so wird sie von Luther als eine Genealogie der Verdorbenheit gebrandmarkt. Rom ist für Luther das verlogene weltliche Außen, eine bloße Chimäre der Ermächtigung, der das eigene Ich gegenübergestellt wird. Dieses Ich ist zuallererst ein persönliches und ohne Vermittlung einer „geheiligten" Kirche Gott gegenüber verantwortlich. Die vielen gläubigen Individuen bilden jedoch eine neue Gemeinschaft, die vom Außen der Verlogenheit abgegrenzt wird. Die Gemeinschaft ist eine Gemeinschaft der Gläubigen. Sie manifestiert keinen politischen Einfluß - gerade die politische Einflußnahme, das Ver-

schmelzen von Glauben und weltlichem Anspruch wird der katholischen Kirche ja vorgeworfen -, sondern ordnet sich demütig den staatlichen Verhältnissen unter. Der geschützte Innenraum ist nur einer des Geistes, des Glaubens. Alle weltliche Gewalt unterliegt der politischen, nicht einer religiösen Herrschaft. Diese Herrschaft hat sich vom römischen Primat zu lösen und für ihr Volk zu sorgen. Ein Volk, das über die Sprache definiert wird, weshalb Luther die Bibel ins Deutsche überträgt. Das Volk als Glaubens-, nicht als politischer Souverän, das ist eine im Protestantismus angelegte, weit über das mittelalterliche Ständedenken hinausgehende Gesellschaftskonzeption.

Nicht ohne Berechtigung - vom Glauben her gedacht - verurteilt der Reformator Luther alle politischen Ermächtigungsbestrebungen der unteren Stände. Viel mehr als der Katholizismus liefert der Protestantismus seine Anhänger der weltlichen Macht aus, indem er dem Menschen jedes Recht zur Eigenbestimmung abspricht. Wo Erasmus von Rotterdam den „Freien Willen" des Menschen in humanistischer Renaissancetradition in den Mittelpunkt stellt, redet Luther vom „gebundenen Willen" des Untertanen, einzig der Gnade Gottes unterworfen, durch kein Verhalten im Leben zu retten oder zu rechtfertigen. Die obskuren Umtriebe der Wiedertäufer und der Sozialschwärmer im Gefolge der Reformation, die versuchen, herrschaftsfreie oder frühkommunistische Gesellschaftsräume zu entwickeln (und damit in gewalttätiger Pervertierung auch schon die Konsequenzen des späteren Kommunismus vorwegnehmen), passen nicht in die Ideologie des Protestantismus. Obwohl die katholische Kirche versucht, den Protestanten gerade diese Frevel an menschlichem Leben zuzuschreiben, bleibt der Protestantismus in der Trennung von religiösem Binnenraum und weltlichem Außenraum konsequent, worin seine Stärken wie Schwächen angelegt sind.

Der Konflikt zwischen Katholizismus und Protestantismus instrumentiert auch die ersten großen Türkenkriege. Gegenseitig wirft man sich die Überfälle und Eroberungen der Osmanen als Gottes Strafe vor. So sind die Angriffe des Sultans Süleyman für die einen Strafgerichte über die Verkommenheit und Gottesferne der katholischen Kirche, für die anderen Konsequenz aus der frevelhaften Ketzerei gegen den allein seligmachenden alten Glauben. Wie auch immer - die staatliche Instrumentalisierung des religiösen Konfliktes funktioniert in beiden Richtungen. Und da, wo in

Visierhelm 1. Viertel 17. Jh.

neuer Strenge die Gegenreformation geplant wird, herrscht Einigkeit darüber, daß die staatliche Unterwerfung der Gläubigen, wie sie der Protestantismus schon von seiner Theorie her eingeschrieben hat, durchaus auch für die katholische Seite zielführend ist.
Das Fremde - ob die Türken oder Rom - wird als Feind des Eigenen, Eigentlichen definiert. Und in der Kompromißformel des Augsburger Religionsfriedens „Cuius regio, eius religio“ wird das Verhältnis von Außen und Innen noch einmal zementiert. Zwar ist ein jeweiliges Fürstentum, vergleicht man es mit England oder Frankreich, kleiner und nicht national definiert. Doch hat die jeweilige Religion durchaus staatsprägende und quasinationalisierende Funktion. Die Zentralisierung verläuft nicht in den gleichen Bahnen wie in Frankreich, aber für die einzelnen Herrschaftsgebiete funktioniert sie nach denselben Regeln: sie läuft auf den Absolutismus hinaus. Denn auf protestantischer Seite besteht keine rivalisierende, übergeordnete Führungseinheit, die eine theologische wäre. Und auf katholischer Seite hat der Sacco di Roma eine solche entmachten und auf die geistliche Funktion weitgehend reduzieren können.

Grenzräume

Wo wird schließlich die Grenze gezogen? Wo endet das Eigene, wo beginnt das Fremde?

Foucaults Diktum „Gewiß wußte das Mittelalter nicht, daß es das Mittelalter war. Aber was ich sagen will, ist: es wußte nicht, daß es nicht das Altertum war, daß es nicht mehr das Altertum war“ trifft insbesondere auch auf den auserkorenen Grenzraum Kroatien zu. Liest man die Rechtfertigungen der serbischen und kroatischen Nationalisten im Krieg nach dem Auseinanderbrechen Jugoslawiens, könnte man sogar die These anführen, daß die Begründungslinie des Altertums auch für heute noch Gültigkeit beansprucht. Tatsächlich ist die antik-mythologisch zu lesende Konfliktsituation bis heute nicht gelöst: Auf dem Gebiet des ehemaligen Jugoslawien gab es bisher keine Chance, den Krieg nach außen zu lagern. Über Generationen ist hier das Kernland des Krieges zu finden, ist dies die Sollbruchstelle des Aufeinanderprallens gegensätzlicher Interessen,

Brustpanzer Augsburg um 1570

ein Graben, der als solcher gedacht, geplant und eingerichtet wurde. Die „Windische Militärgrenze" ist die Konkretisierung der Verlagerung des Krieges.

Die aus der Antike abgeleitete Genealogie des Konfliktes ist evident. Nach der Teilung des Römischen Reiches in ein westliches und ein östliches Imperium entwickelte sich schnell eine Gegnerschaft der theologischen Rechtfertigung. Mit dem Sieg des römischen Katholizismus im westlichen Reich und dem Triumph der griechischen Orthodoxie in Byzanz war auch eine religiöse Spaltung entstanden, die sich in eine erbitterte Feindschaft und eine Legitimierungsspirale auswuchs, die im Schisma von 1054 zur endgültigen Trennung der beiden christlichen Kirchen führte. Die Trennlinie verlief durch den Balkan, auf dem in Gestalt der Osmanen mit dem Islam bald ein dritter Konkurrent um die räumliche und geistige Vorherrschaft auftauchte. Rom missioniert Kroatien, Fürst Tomislav erhält 924 in Rom die kroatische Königskrone - so wird Kroatien zum ersten slawischen Reich römisch-katholischen Glaubens. Das Königreich, im Norden durch die Reichsübernahme der Mark Krain (Slowenien), im Süden durch die Einflußsphäre Venedigs und das Königreich Serbien begrenzt, ist eigentliches „Frontland". Denn Serbien ist (seit dem späten 13. Jahrhundert endgültig) fest in den Händen der byzantinischen Orthodoxie. Die Demarkationslinie zwischen Westen und Osten ist keine undurchdringliche, sondern eine umstrittene. Kreuzzüge, venezianische Kriege, byzantinische und schließlich türkische Kriege zeichnen eine ununterbrochene Geschichte der Gewalt, Plünderung, Zerstörung. Bis heute traumatisch ist die Niederlage der orthodoxen Serben gegen die Türken 1389 in der Schlacht auf dem Amselfeld. Siebzig Jahre später, nach der Eroberung Konstantinopels, werden Serbien und Bosnien endgültig osmanische Provinzen. Und Kroatien fällt staatsrechtlich an das Königreich Ungarn.

Entscheidend für die innere Entwicklung des Gebietes ist das Vorgehen der Osmanen. Es findet keine Zwangsislamisierung der Gebiete statt, doch gerade in Bosnien passen sich viele Menschen sehr schnell den neuen Herrschern an und treten zum Islam über. In Istanbul, dem vormaligen Konstantinopel, das zur Hauptstadt des Osmanischen Reiches wird, stellt der Sultan den griechischen Patriarchen unter seinen Schutz, und so kann sich die griechische Orthodoxie in den Randgebieten nicht nur halten, sondern ihre Position gegen andere orthodoxe Regionalkirchen aufwerten - bis diese Regionalkirchen in den großen Armen der griechischen Orthodoxie aufgehen.

In diese aus vielen alten Verletzungen und neuen Unterwerfungen belastete Region setzen die Habsburger Fürsten und die Landstände ihre Vorverteidigung. Das Königreich Kroatien wird dazu in seiner Eigenständigkeit ausgeschaltet. Ferdinand I. wird zum König von Böhmen und Ungarn und damit auch von Kroatien gewählt, die kroatischen Stände werden rigoros entmachtet, und eine feste Grenze wird gezogen, bestehend aus einem Ring von Festungen, kommandiert von der Festungsstadt Varaždin, die wiederum dem Landesfürsten in Graz unterstand. Um die Grenze zu halten und zu sichern, wird der „Frontverlauf" begradigt. Konkret hieß das, daß Festungen und Gebiete des kroatischen Kernlandes kampflos den Türken überlassen wurden - die Wehrbauten geschleift, die christliche Bevölkerung schutzlos den Osmanen ausgeliefert. So entstand ein „Niemandsland", ein Land des unablässigen Terrors, dessen gewalttätige Aufladung Konsequenzen hat bis in unsere Gegenwart.

Zu Kaiser Maximilian:
Brigitte Vacha (Hrsg.), Die Habsburger; Graz 1992.
Der Brief des Sultans von Istanbul und die Thesen Michel Foucaults sind zitiert nach:
Michel Foucault, Vom Licht des Krieges zur Geburt der Geschichte; Berlin 1986.
Zur Gültrüstung, Volksbewaffnung, Schlacht von Mohács und Grenzziehung siehe
Alois Ruhri, Neue Wege der Heeresaufbringung in der Steiermark;
Franz Otto Roth, „Initiativen" Ferdinand I. nach der Katastrophe von Mohács;
Franz Otto Roth, Die Habsburgische Länderteilung;
Franz Otto Roth, Vorfeld im Osten;
alle BuB 86.
Zur Geschichte des Jugoslawien-Konfliktes:
Michael Weithmann, Krisenherd Balkan, München 1992.

Galerie der Gesichter

Von Furcht und Faszination der Gesichtslosigkeit

Ritterheere

Es ist Krieg.

Die Ritter des Mittelalters waren Männer von Stand. Die Ritterheere, so erschreckend anzuschauen sie als Masse auch wirkten und wirken sollten, waren Gruppen von Individuen, die Mann gegen Mann im Kampf standen und zu ihrer eigenen - und Gottes - Ehre Mut und Tapferkeit bewiesen. Die Konfrontation war direkt, „hautnah", der einzelne geschützt durch Kilo von Eisen. Bis ins 12. Jahrhundert gerüstet mit einem langen Kettenhemd aus Eisenringen (dem Ringelpanzer), später dann durch Metallplatten zusätzlich geschützt und schließlich massiv gepanzert. Das Blickfeld eingeschränkt durch Sehschlitze im geschlossenen Helm, der sich ab 1200 in Europa durchsetzt - abgeschottet gegen die Umwelt, daß es der Unterstützung eines Knappen bedurfte, um vor seitlichen oder rückwärtigen Attacken gewarnt zu sein. Schwer bewaffnet, schwer gepanzert, war der Krieg Körpereinsatz. Körpereinsatz von Standespersonen, denn Krieg war eine Sache der Herrschaften, niederem Volk und Bauern war das Tragen von Waffen zum Teil unter Todesandrohung verboten.

Die Überlieferung solcher Ritterkämpfe ist vor allem eine literarische. Es sind die Ritterepen des Nibelungen- und Artuskreises, die Schlachten beschreiben, Helden herausstellen, die ritterliche Tugenden und Haltungen benennen. Was ehrenhaft ist, was mutig, was die Herren taten und was verpönt war. Zumeist begann der Zweikampf zu Pferd, mit Lanzen bewaffnet ritt man gegeneinander an. Der Hauptkampf jedoch wurde zu Fuß geführt, mit Schwert, Streitkolben und Schild, ein kräftezehrendes Aufeinander-Einschlagen, oft im bloßen Ringkampf endend, bis schließlich einer niedergerungen war.

Körper gegen Körper, direkt und relativ langsam - die Leistungsfähigkeit der Pferde bestimmte die höchste Geschwindigkeit des Angriffs. Der Panzer war Schutz gegen Hiebe, Stiche und Stöße; verletzt und getötet wurde in der Regel nicht auf Distanz. Der Gegner war das Gegenüber, ein gleicher. Die Auseinandersetzung - im literarischen Fall des überlieferten ritterlichen Kodex - ein ritueller Akt.

Jede Gesellschaft erfindet Rechtsordnungen für ihren Gewalteinsatz. Nicht nur Legitimationen, sondern auch einen Kodex des Umgangs mit Gewalt, um ihrer, in welchem Maße auch immer, Herr zu bleiben. Der entfesselte Furor des Krieges hat neben der gewünschten Anwendung nach außen auch immer Gefahren nach innen, Gefahren der Destabilisierung, der Ausweitung des Chaos auf alle kriegführenden Parteien. Die Greuelbeschreibungen über die gegen die Standesordnung aufbegehrenden Raubritter in der Zeit des Interregnums, lassen sich in ihrer Konsequenz insofern durchaus mit den Klagen über die gesellschaftlichen Auswirkungen der marodierenden Soldateska in der Endphase des 30jährigen Krieges vergleichen. Alle diese Männer haben sich vom Minimalkonsens durch den Krieg verabschiedet und setzen ihr eigenes Recht. Mit einem wichtigen Unterschied: die Raubritter waren identifizierbare, benennbare und benannte Individuen, die Mörderbanden des 17. Jahrhunderts waren gesichtslose Haufen. Denn auch in bezug auf den Krieg hatte sich zwischen dem Mittelalter und dem frühen Barock eine grundsätzlich veränderte Haltung manifestiert. Und dennoch: die Entartungen des Krieges fordern immer wieder neue Versuche der Konsensbildung heraus. Verletzungen

des „Kriegsrechts“ sind stark tabuisierte Untaten. Diese zu benennen ist sicher eine der Aufgaben der epischen Kriegsliteratur des Mittelalters.
Zu Recht läßt sich jedoch fragen, ob nicht in jedem Krieg der Zweck immer die Mittel geheiligt hat und die Existenzbedrohung den Bruch der Konvention geradezu verlangt (entsetzt berichten die Chroniken, daß König Peter von Aragon im Krieg gegen die Franzosen Ende des 13. Jahrhunderts Pferdetränken vergiften ließ und so 30.000 Reittiere umbrachte). Doch das hieße, die gedankenprägende Macht von Ehrvorstellungen gerade für die vergangenen Jahrhunderte stark unterschätzen. Als Herzog Friedrich II. von Österreich im Jahre 1246 gegen das böhmische Heer von Wenzel I. Bogenschützen aufmarschieren ließ, beklagten sich die Angegriffenen so: „Ihr Herren aus Österreich, ihr seid doch alle Helden. Ihr sollt ritterlich mit uns kämpfen und sollt die Schwerter benutzen und sollt um aller Damen willen höfisch mit uns fechten. Ihr schießt die Bolzen auf uns, durch die eisernen Pferdedecken hindurch, so daß wir zu Boden fallen. Das ist nicht ritterlich getan. Wer euch mit dem Schwert umgürtet hat, der soll verflucht sein; und wer euch den Schild gesegnet hat, dessen Seele soll niemals gerettet werden. Er hätte euch damals lieber einen Köcher voller Pfeile segnen sollen: mit einem solchen heidnischen Brauch wäret ihr gut bedient.“

Von den Distanzwaffen

Die Distanz als Sündenfall. Die distanzüberwindenden Waffen Bogen und Armbrust sind „unritterlich“, „unedel“. Langbögen wurden kriegsentscheidend zuerst von den Normannen 1066 in der Schlacht bei Hastings eingesetzt; und wenig später erlebten die christlichen Kreuzfahrerheere die brutale Macht von Bögen und Armbrüsten auf den Kreuzzügen. 1139 beschließt das zweite Lateranische Konzil, diese Waffen für den Einsatz gegen Christen zu ächten: „Wir verbieten weiterhin unter Androhung des Bannfluchs, daß die tödliche und Gott widerwärtige Kunst der Armbrustschützen und Bogenschützen gegen Christen und Gläubige angewandt wird.“ Gerade die Armbrust, die Präzisionsschüsse auf große Distanz ermöglicht, ist für den hochmittelalterlichen Ritter eine Vernichtungswaffe. Aber auch gegen bewaffnetes Volk ist ein schwergepanzerter mittelalterlicher Ritter relativ wehrlos. Vom Pferd gezogen und unritterlich erschlagen - eine mutige Gruppe von einfach ausgerüsteten Fußleuten kann das durchaus schaffen, wenn einmal genügend Selbstbewußtsein oder Furcht die niederen Stände die Gedankenbarriere überwinden läßt und der hohe Herr auf einmal nicht mehr ist als ein verwundbarer Mensch. Das bewies sich im nationalen Befreiungskampf der Schweizer gegen das Heer der Habsburger. Die vernichtende Niederlage der höfischen Ritter gegen die scheinbar so minderwertig ausgerüsteten Bauern und Bürger läutete endgültig das Ende der höfischen Ritterideale und der ritterlichen Kriegführung ein. Es braucht Fußtruppen, es braucht eine beweglichere Reiterei und damit auch Menschen niederen Standes als Kriegsmaterial. Sind diese Menschen aber auf einmal kriegsentscheidend, haben sie einen eigenen Wert. Auch in diesem sozialpolitischen Licht muß man die Freiheitsversprechen und Steuererleichterungen für die Wehrbauern an der Militärgrenze in Kroatien sehen.

Die Auseinandersetzungen gegen die Hussiten im 15. Jahrhundert zeigten ein übriges. Die glaubensfanatisierten Böhmen nutzen alle Möglichkeiten: sie bauen Wagenburgen, aus denen sich rasche Ausfälle machen lassen; sie kämpfen unedel, auch weil sich die edlen Herren selbst nicht an ihre Worte hielten. Jan Hus wurde unter dem falschen Versprechen des freien Geleits auf das Konzil zu Konstanz gelockt und dort als Ketzer verbrannt.

Die Frage der Distanz: Neu gestellt durch die Feuerwaffen. Kanonen, Büchsen, Pistolen definieren noch einmal den Abstand der Kämpfenden

Topfhelm
um 1500
Höhe 23,5 cm
Gewicht 2,18 kg

Geschlossener Helm	um	1500
	Höhe	26,2 cm
	Gewicht	2,10 kg

Geschlossener Helm	um	1500
	Höhe	26,2 cm
	Gewicht	2,10 kg

Riefelharnisch Nürnberg um 1500

Riefelharnisch Nürnberg um 1500

neu, sie setzen eine noch größere Qualität in Durchschlagskraft und Zielpräzision. Da mochte Kaiser Maximilian, der „letzte Ritter“, noch so sehr die Unehrenhaftigkeit dieser Waffen beklagen - ihr Einsatz war durch keinen Bann mehr aufzuhalten und wurde vom Kaiser selbst in hohem Maße betrieben. Also entstehen völlig neue, stärker ausdifferenzierte Formen des Heeres. Einfache Männer des Volkes werden in möglichst großer Zahl benötigt, hochspezialisierte Schützen übernehmen Sonderaufgaben - noch längst sind die Schußwaffen nicht massentauglich. Es bedarf großer Kunstfertigkeit, um sie sicher und effektiv zu bedienen. Angeworbene Söldner erfüllen diese Aufgaben. Die Reiterei muß beweglicher sein, die Rüstungen müssen im Kompromiß zwischen Schutzfunktion und nötiger Freiheit immer wieder verbessert, angepaßt werden. Und doch: Reiter sind immer noch auch Herren oder spezialisierte Schützen, ihre Rüstungen sind individuell.

Körperkleider und Vermassung

Individualität in der Gesichtslosigkeit. Zeichen - Überwürfe, Mäntel, Tücher und Binden - signalisieren die Zugehörigkeit zu Freund oder Feind. Das sind die Anfänge der Uniform, aber Uniformität eines Heeres als Gedanken kann es noch nicht geben. Vielmehr ist die Rüstung eine zweite Haut, eine Schutzhaut, die sich dem Körper anpaßt, die den Bewegungen der Gelenke nachgestaltet ist und möglichst viel Freiheit läßt. Die Seh- und Luftschlitze im Helm formen stilisierte Gesichter.

In Eisen gefrorene Mimik, die Schrecken auslösen kann und soll. Viele dieser Kampfgesichter scheinen hohnzulachen. Sie wirken übermenschlich, monströs. Sie verbergen die Gefühle des Kämpfenden und geben eine unerschütterliche Überlegenheit vor.

Geschlossener Helm	1. Hälfte	17. Jh.
	Höhe	30,8 cm
	Gewicht	1,82 kg

Helm		um	1510/20
		Höhe	29,1 cm
		Gewicht	2,28 kg

Helm 1. Viertel 16. Jh.

Dazu nutzen sie scheinbar Imponierformen aus dem Tierreich: einige gemahnen an Raubvogelschnäbel oder Doggengesichter. Wesentlich häufiger aber - über die Gründe wird noch zu sprechen sein - wirken sie in ihrer Abstrahierung völlig reduziert, insektenhaft, nicht von dieser Welt. Bis in die Gegenwart des späten 20. Jahrhunderts scheinen diese Eisengesichter faszinierend und erschreckend zugleich. Sie sind Muster für bis heute übliche Varianten der Bilder des Unmenschlichen. Und noch immer wirken sie einschüchternd, bedrohlich, brutal. So waren die Sturmhauben der schweren Renaissancereiter gedacht.

Als Körperkleid aus Metall unterliegt die Schutzhaut auch der Mode. Sie ist Bekleidung und vollzieht die Rockwölbungen, die Hosenformen der aktuellen Kleidungsstücke in Eisen nach. Schutz wie angegossen, der so lange wirkt, wie der Kampf im Endeffekt immer noch einer von einzelnen gegen einzelne sein kann. Erst als Rüstungen tatsächlich nicht mehr schützen, als Gewehre als Massenware einsetzbar und benutzbar sind, kommt es im Hochbarock zur wahren Uniformität. Kaum zufällig fallen hier Massenindustrialisierung, Aufklärung und Massenkrieg zeitlich zusammen. Der preußische Weg einer Militarisierung der Gesellschaft, eines Volks in Waffen, ist der Entindividualisierung des Staates wie des Krieges geschuldet und setzt noch vor den Volksheeren der Französischen Revolution Maßstäbe. Der durch Drill gebrochene, in die Armee eingefügte einzelne hat keine eigene Schutzhaut mehr. Sie ist auch deshalb nicht mehr nötig, weil er nicht mehr eigenverantwortlich handelt. Die Uniform normiert ihn zum Teil einer Menschenwand, die aus austauschbaren Objekten besteht - fällt einer in der Schützenreihe, wird er durch den Dahinterstehenden ersetzt. Individueller Mut steht hinter der Massendisziplin zurück. Ja überhaupt ersetzt die Disziplin, das strenge System der militärischen Ordnung, die Schutzmechanismen des Individuums. Gemäß dem Diktum des preußischen Soldatenkönigs, seine Männer hätten mehr Angst vor dem eigenen Vorgesetzten als vor dem Feind, wird auch die Menschenabrichtung im 18. Jahrhundert für den Krieg normiert und so massentaugliche Struktur.

Michel Foucault hat darauf hingewiesen, daß die modernen Zurichtungen des Menschen für die Kriegsmaschinerie einhergehen mit einer allgemeinstaatlichen Ermächtigung über die Bürger - ein Prozeß, der seit dem Absolutismus auch im Herrschaftsverhältnis den einzelnen Herren durch die anonyme Macht des Staates ersetzt. Ist der Untertan der vor-

Riefelharnisch Innsbruck 1515/25

absolutistischen Zeit mit einer Kette von Lehensverhältnissen noch in ein Netz der Einzelverantwortung eingebunden, ist der absolutistische Fürst mehr Symbol einer unsichtbaren Allgewalt, die sich als staatliche Herrschaftsstruktur zeigt. In der Strafordnung - Gefängnisverwahrung statt Körperstrafe - wie im Militär werden allgemeingültige Strukturen entwickelt, die den Menschen als winzigen Teil in die Gesamtmechanik des Staatsgebildes einpassen. Lange war in der Zeit der Körperstrafen ein Geständnis des Beschuldigten wichtige Voraussetzung für die Bestrafung. Daß diese Geständnisse in radikaler Konsequenz Menschen unter grausamsten Torturen abgerungen werden konnten, sollte nicht über die andererseits durchaus humane Grundposition hinwegtäuschen. Die Strafe für die Untat wird am eigenen Leibe vollstreckt. Gefängnisstrafen, das Wegsperren von Menschen aus einer Entscheidung des Staates, für den Geständnisse irrelevant sind, gab es nicht. Die Entscheidung über Schuld und Unschuld ist an ein System delegiert, eben dies gilt auch für das Militär seit den Zeiten der Aufklärung.

Der Befehlsempfänger hat sein Verhalten, seine Gefühle, seine Privatheit, seine Individualität ganz der Funktion des Systems unterzuordnen, das für ihn entscheidet. Der Akt des Kriegführens und Tötens wird so mehr und mehr aus der persönlichen Verantwortung gelöst und in den Reflex des Gehorsams überführt. Ein Prozeß, der bis heute in den Armeen in unterschiedlichen Modifikationen als grundlegend für ihr Funktionieren gilt, insbesondere dann, wenn ein persönliches Gefühl gegen die staatliche Einschätzung, was denn ein Feind sei, stehen könnte.

So berichteten die Angehörigen der Grenztruppen der DDR, daß ihre unausgesprochen geforderte Bereitschaft, auf Grenzflüchtlinge zu schießen, durch extreme Entpersönlichung gefördert wurde, die unter anderem aus der überwachten Abgabe sämtlicher privater Gegenstände von Briefen über Fotos bis zur eigenen Unterhose beim Eintritt in die Einheit bestand. Dies ist die Rückseite der aufklärerischen Philosophie von der Gleichheit der Menschen. Mögen die marsisch in Eisen gewandeten Reiter der Renaissance

Riefelharnisch

Hans Maystetter
Innsbruck 1510/11

und des frühen Barock, die das Grazer Zeughaus dominieren, auch als Sinnbild äußerster Brutalität erscheinen, sie sind Individuen. Vom neuzeitlichen Massensterben in „Stahlgewittern“ ist man hier noch weit entfernt. Doch sie sind auch keine Ritter mehr. Keine mittelalterlichen Helden, deren Taten für uns nur mehr literarisch überlieferte, poetische Projektionen sind. Tatsächlich finden sich ja noch einige Turnierrüstungen im Landeszeughaus. Das Turnier mit seiner aristokratischen, den Kampf als Wettbewerb der Herrschenden verstehenden Funktion existiert noch weit ins 17. Jahrhundert hinein. Doch sind diese Turniere ins Gegenwärtige gewendete Erinnerungen; Historismus in einem speziellen Sinn. Die Minnetugend des Mittelalters, die strenge ständische Hierarchie - wenn es sie denn außerhalb der literarischen Utopie eines „Tristan“ oder „Artus“ je gegeben hat - ist längst komplexeren politischen Verhältnissen gewichen. Man erinnere sich nur an die Zugeständnisse, die von den österreichischen Landesfürsten an die protestantischen Stände immer wieder gemacht wurden, bevor der 30jährige Krieg die Verhältnisse neu definierte und der Absolutismus neue Gräben zwischen Masse und Herrschaft einsetzte. Diesen Wendepunkt der Modernität und der Vermassung markiert das Grazer Zeughaus.

Metaphorische Physiognomik

Der Philosoph Aristoteles soll von der Form menschlicher Gesichter auf den Charakter geschlossen haben. Gemahnt der Kopf eines Gegenübers an einen Löwen, so sei in diesem auch die Stärke und die Wildheit des Tieres angelegt. Desgleichen betrieben griechische Philosophen mit den unterschiedlichsten symbolischen Zuordnungen zu Tiercharakteren von Adler bis Esel. Diese frühe Form der Physiognomik ist in ihrer doppelten Interpretation - vom metaphorischen Eigentlichen des Tieres zum Eigentlichen des Menschen - einer der ältesten Versuche, menschliches Äußeres mit dem Inneren gleichzusetzen. Ein Bestreben, dem durch die Jahrhunderte immer wieder so beherzt widersprochen wurde, wie es Verteidiger fand. Ob durch die kategorisierbaren Charaktere der Planetenenergien bestimmt, wie es neoplatonische Philosophen behaupten, oder durch allgemeinmenschlich-physikalische Grundlagen, wie es der Aufklärer Lavater zu belegen versuchte, immer gilt das Gesicht in diesen Systemen als Träger von ursächlichen Informationen über das Wesen des einzelnen. Wie man vom heutigen Standpunkt aus - auch vor dem Hinter-

Stechhelm — Augsburg 1570/80

grund der Erfahrungen nationalsozialistischer Versuche zur Rassenphysiognomik - zu diesen Bestrebungen der physischen Kategorisierung auch stehen mag: Der symbolische Gehalt des Gesichtes ist nicht zu leugnen. Ein Gesicht zu haben heißt, kenntlich zu sein. Das Gesicht macht den Menschen aus. Und in der Kunstgeschichte ist dieses symbolische Gesicht für lange Zeit zentrales Thema.

In den Zeiten der Symbolisierung der Physis stand das Gesicht zuallererst als Zeichen für etwas: Die Untersuchung antiker römischer Kaiserstatuen zeigt, daß bei aller scheinbaren Individualität der Abgebildeten vor allem eine gewollte Struktur dominiert. Die Gesichter der Kaiser sind geprägte Gesichter, sie stellen Funktionen aus, deuten Haltungen wie Majestät, Überlegenheit oder auch Vergeistigung an und arbeiten mit einem Formenkanon, der ein physiognomischer Gestenkanon ist. Nicht, daß es keine individuellen Persönlichkeiten wären, die die Bildhauer darstellten: Das Individuelle steht neben dem Formelhaften - beides befindet sich aber nicht im Widerstreit. Die Portraits sind immer moralisch-symbolhaft.

Blanke Stechkürisse   Augsburg   1570/80

Die Wahrhaftigkeit des Privaten

Das Private, das „Wahre" des individuellen Gesichtes, wird in der Kunst allmählich zwischen dem 12. und 16. Jahrhundert immer wichtiger. Nicht, daß etwa die Fähigkeiten „realistischer" Portraitgestaltung im Mittelalter gefehlt hätten - man erinnere sich nur an die ausgeprägten Züge der Fratzen romanischer Kapitelle -, es war der Wille, das Individuelle gleichrangig neben das Symbolhafte zu stellen, der fehlte. Mit der „Erfindung des Selbst" (Danielle Régnier-Bohler) allerdings wächst das Interesse an der Abbildung individueller Züge - zunächst ohne die rhetorischen Absichten, den Formenkanon zu verdrängen. Philippe Braunstein weist in seinem Essay „Annäherungen an die Intimität" darauf hin, daß vor allem die Königs- und Herrscherportraits des späten Mittelalters und der frühen Renaissance immer noch vor allem „Konstruktionen" seien. Die Idee vom harmonisch gegliederten Kosmos, die Ebene der Analogien durchziehen auch die Gesichtsinterpretationen der Renaissancekünstler.

Stechhelme Augsburg 1570/80

Feldküriß um 1600

Feldküriß um 1600

Feldküriß um 1600

Feldküriß 2. Hälfte 16. Jh.

Der Wiener Humanist Johannes Spießheimer erfand für Kaiser Maximilians Gestalt die Metapher vom „viereckigen König", dessen Körper gefügt sei wie eine Kirche, von der der Glanz Gottes widerstrahle. Diese Gebäudemetapher für den Körper kann in verschiedene Bereiche erweitert werden, so seien die Augen des Kaisers wie das gefärbte Glas der Kirchenfenster, die das Licht zum Strahlen bringen, heißt es bei Spießheimer. „Wie wir an einigen königlichen Beispielen gesehen haben, erlaubt das gemalte oder in Stein gehauene Portrait im Spätmittelalter, die Quellenvergleiche zu vermehren und die Genauigkeit der Beschreibung zu verifizieren. Instinktiv neigen wir dazu, uns lieber dem Maler als dem Chronisten anzuvertrauen. Indessen birgt die Malerei eine gewisse Ambiguität in sich, die mit den gesellschaftlichen Konventionen und mit den Absichten des Auftraggebers zusammenhängt", warnt Philippe Braunstein.

Selbst ein Künstler wie Albrecht Dürer, von dem ein in seiner Klarheit geradezu drastisches Selbstbildnis als Akt aus dem Jahre 1512 erhalten ist, hat in seinen in Öl ausgeführten Selbstportraits viel eher die symbolisch-harmonische Konstruktion betont als die nüchterne Wirklichkeit. Wobei die Symbolik der künstlerischen Haltung entspricht, eine übergeordnete Wahrheit gerade in der Verschmelzung von individuellem Blick und ver-

Feldküriß um 1600

allgemeinerbaren harmonischen Regeln zu finden. Auf diese Einordnung des Gesichtes zwischen Selbstfindung und überindividuellem Regelwerk ist beim Betrachten der Rüstungshelme der Dürerzeit zu achten. Die neue Variabilität der Vollvisierhelme an der Wende vom Mittelalter zur Renaissance ist sicher auch - neben der grundlegenden praktischen Aufgabe des Schutzes in veränderten Kampfbedingungen - durch eine neue, differenziertere Haltung zum Gesicht erklärlich. Die Beobachtung des „modischen Einflusses", der die Gesamtrüstung deutlich unterliegt, spricht für einen Zusammenhang: ist die Rüstung ein Kleid für den Kampf, das außer den rein funktionalen Aspekten eben auch das Dekorum, die symbolischen und gesellschaftlichen Konnotationen enthält, müssen dem „Gesichtskleid" des Visiers ebensolche Ansprüche zuzuordnen sein. Metallische Gesten, die vom Gegenüber verstanden werden.

Universelle Gesichtersprache

Tatsächlich sprechen Gesichter eine universelle Sprache. Diese ist allerdings viel eher durch den mimischen Ausdruck und das differenzierte Muskelspiel des Antlitzes erklärbar als durch symbolische Muster. Die

Feldküriß um 1635

Feldküriß um 1600

Feldküriß um 1620

Mimik verrät den Zustand des Menschen - oder zeigt den, den er vorgeben will. Das Erleben und Deuten des Gesichtsausdrucks gehört zu den ursprünglichen Fähigkeiten des Menschen. Diese Fähigkeit (so zeigen es Irenäus Eibl-Eibesfeldt und andere Verhaltensforscher) ist nicht kulturabhängig, und die Grundmuster des emotionalen Ausdrucks werden in allen Kulturen (und auch bei den Menschenaffen) mit den gleichen Formen erzeugt. Angst und Furcht, Freude oder Trauer haben allgemeinverständliche Grundzüge im Gesicht eines jeden.

Diese grundlegende Vertrautheit mit den Ausdrucksformen des menschlichen Antlitzes ist neben den Berührungen eine, wenn nicht die, sicherheitsgebende Instanz im menschlichen Miteinander. Schon Kleinkinder antworten auf das Mienenspiel eines Gegenübers, zeigen Angst vor Drohgebärden, lachen auf ein Lachen. Ist diese Kommunikationsebene verschoben oder gar ausgeschaltet, reagieren Menschen mit deutlicher Unsicherheit, mit Angst. Entstellungen des Gesichtes eines Menschen haben gravierendste psychische Folgen sowohl für den Verunstalteten als auch für seine Gegenüber. Selbst in reflektierten Zusammenhängen berichten Menschen, die mit Entstellten konfrontiert werden, von fast unüberwindlichen Schwierigkeiten, auf diese Behinderung nicht ohne Schrecken zu

Feldkürisse um 1600

reagieren. Tatsächlich ist es wohl zu großen Teilen das grundsätzlich Entfremdete, das Nicht-Einschätzbare, das die Verstörung hervorruft. Die Lesemuster greifen nicht, ein zentrales Kommunikationsmedium fällt aus.

Kein Gesicht zu haben heißt, es nicht oder nur eingeschränkt verändern zu können. Die Lesbarkeit des visuellen Ausdrucks ist eine Lesbarkeit von Bewegungen. Gesicht haben heißt, aktiv zu sein, im Mienenspiel zu handeln und zu reagieren. Beschädigungen der Gesichtsmuskulatur oder Einschränkungen, Lähmungen verhindern die Kommunikation und lösen Entfremdung aus.

Auf eben diesen psychischen Mechanismen beruht auch das Entsetzen, das von maskierten Gesichtern ausgeht. Die Visierhelme des Zeughauses haben eine Art Maskenfunktion, sie zeigen eine entmenschlichte, erstarrte Physiognomie, die dem wahren Gesicht vorgeblendet wird. Emotionen sind nicht ablesbar außer als vorgeprägter Ausdruck im Charakter des Helmes. Ob der Träger furchtsam ist oder tapfer, ob er erschreckt, ob er schwitzt, ob die Anstrengung des Kampfes ihn zermürbt hat oder er ganz überlegen mit seinen Kräften haushalten konnte - das Gegenüber vermag es von der Oberfläche nicht abzulesen. Das Individuum ist unnahbar geworden, persönliche Haltung nicht erkennbar.

Fratzen und Masken

Die Funktion der Maske zielt auf Entindividualisierung und Typisierung. Tiermasken waren schon in den frühen Kulturen zentrale Funktionsträger, sie erhoben den Maskierten ganz in den Bereich des Symbols. Masken funktionieren als vorgeschobener Charakter, entweder in der Überhöhung des Rituellen oder - als Weiterentwicklung vom religiösen Ritus - als Überhöhung in der Kunst (wie im griechischen Theater). Im europäischen Raum ist die Maske seit dem Mittelalter vor allem apotropäisch eingesetzt worden. Die Fratzen an den romanischen Kapitellen und Fassaden sind schreckensabweisend, weil sie das Schreckliche verkörpern. Die Idee, das Böse sei durch eine Abbildung seiner selbst in Furcht zu verset-

Feldküriß um 1600

zen, fußt auf antiken, universalharmonischen Vorstellungen, die ihre Gültigkeit lange nicht verlieren. Auch die Masken der Pestärzte des 15. und 16. Jahrhunderts mit den langen, vogelartigen Schnäbeln vereinen die Funktionalität (Abwehr der schädlichen „Miasmen", in denen man die Träger der Krankheit vermutete) mit dem Symbol. Das schreckliche Äußere einer Maske wendet das Böse quasi nach außen. Nicht der Träger ist von ihm infiziert, es ist aus dem Körper ausgelagert und vorgeblendet. Der Ingrimm weist vom Träger weg und leitet per Schock die geballte negative Energie auf den, der sich im Bösen wie in einem Spiegel wiedererkennt, sich selbst in der Vorblendung begegnet.

Die Maske ist Verstellung. Eine zweite Haut, die in einem rituellen Akt - auch das Theaterspiel kann man immer noch als einen solchen begreifen - über das Individuum gezogen wird. Eine eminent symbolische Handlungsweise. Nun haben weitaus die meisten Visierhelme nicht den verzerrten Charakter einer („teuflischen") Maske. Stilisierte Groteskenfratzen auf Rüstungen sind sehr selten, und auch diese wirken nicht in erster Linie Entsetzen erregend durch eine grundsätzlich fürchterliche Gestalt. Auffällig ist vielmehr die Nüchternheit, die geradezu abstrahiert wirkende Klarheit der meisten Helme. Was allerdings nicht heißt, daß ihnen kein apotropäischer Charakter eingeschrieben wäre. Nur funktioniert dieser nicht in einer Formenkonkretisierung auf ganz bestimmte Muster des Teuflisch-Schrecklichen.

Anders als die Kult- und Theatermasken reduzieren die Helme das konkret Symbolische. Sie sind eben nicht einem bestimmten Typus der Furcht zugeordnet, einem erkennbaren metaphorischen Gesicht. Das Schreckliche liegt viel eher in der Abwesenheit einer konkreten Identität auch auf der

Symbolebene. Selbst dieser Zuordnung sind die Helme entzogen. Die Gesichtslosigkeit ihrer Träger geht so weit, daß sie den gewohnt theatralisch-archaisch-rituellen Bereich verläßt und insofern auf eine neue, moderne Art und Weise eine Außenhaut gestaltet, die vollständig entindividualisiert ist. Daher der insektenhafte, technoide Eindruck, den diese Helme heute noch machen. Was keinesfalls im Widerspruch zur These der sich gerade zu dieser Zeit durchsetzenden Vision vom Selbst und vom Ich zu sehen ist. Vielmehr besteht ein direkter Zusammenhang: Hier wird auf etwas verzichtet, was sich inzwischen gedanklich durchgesetzt hat. Hier wird ein Ich verhüllt, das man inzwischen als gegeben und erkannt voraussetzen kann. Die Verhüllung dieses persönlichen Ichs in Eisen ohne direkte Symbolgestalt ist erst dann als Schrecken wirklich wirksam, wenn der Verlust von Identität empfunden werden kann.

Katastrophe der Uneigentlichkeit: Tancred und Clorinda

Im Spiegel der Sturmhaube trifft ein entindividualisierter Kämpfer den anderen. Die Träger der Rüstungen verwandeln sich in Kampfmaschinen, deren Kampfgestalt aber noch als etwas von der persönlichen Gestalt Getrenntes erlebt wird. Von La Mettries These des Menschen als Maschine sind wir bei allen diesen Rüstungen noch entfernt; der wirklich maschinisierte Mensch braucht keine Metallhaut, er trägt sie bereits als Gedankenprodukt unter die eigene geschweißt. Die Maschinenkämpfer des Zeughauses legen sich die Rüstung der Entmenschlichung an, darunter sind sie Individuen. Der furchtbare Konflikt, der sich aus der Vorblendung der Eisenhaut mit dem Menschen darinnen ergeben kann, ist ein philosophisches

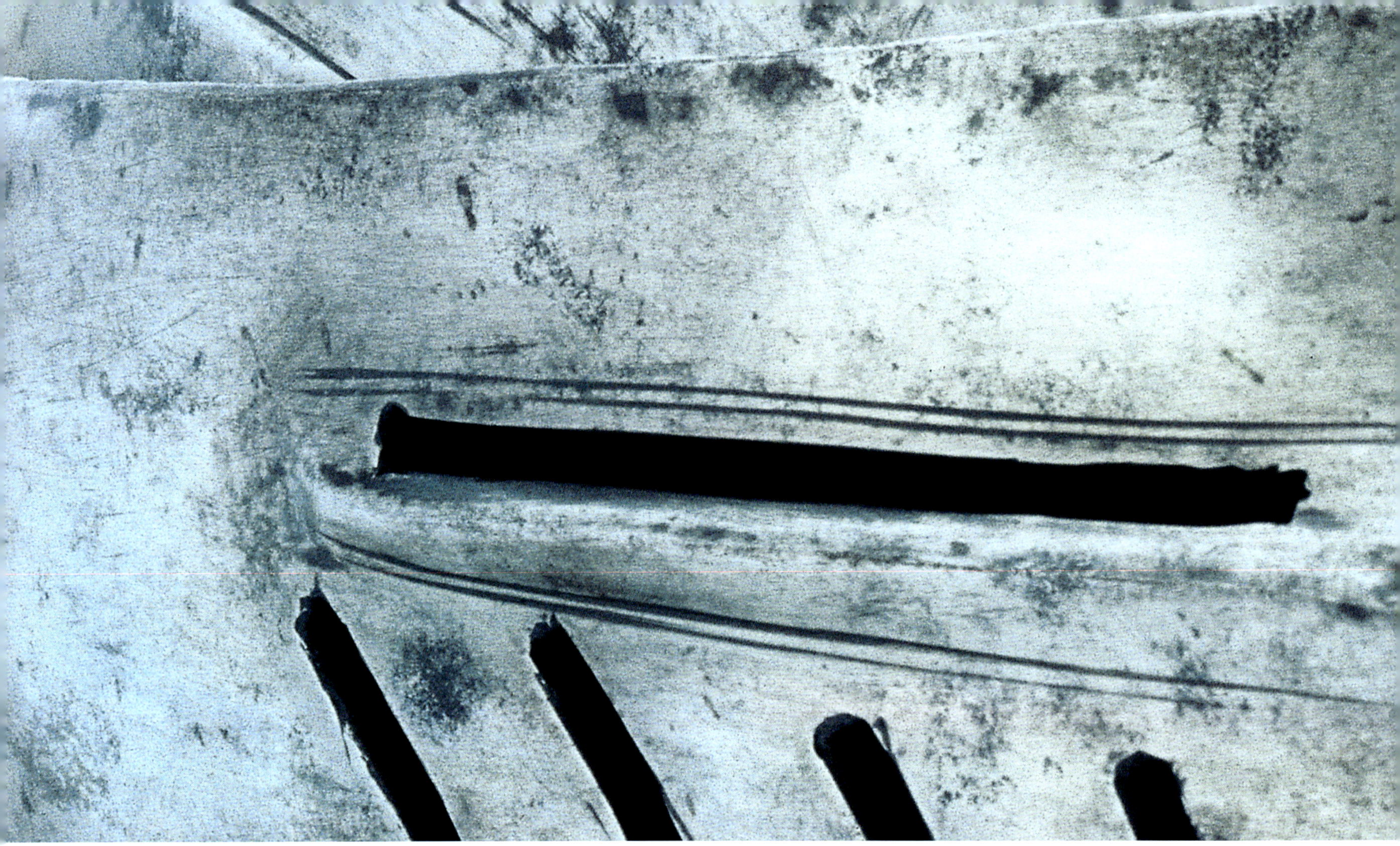

und literarisches Thema der Zeit - am genauesten und erschreckendsten wohl von Torquato Tasso im Epos „Gerusalemme liberata“ ausgearbeitet: Der Christ Tancred liebt die muslimische Kämpferin Clorinda, die eines Tages in eine fremde Rüstung gewandet ihr Lager verläßt. Tancred begegnet ihr und erkennt sie nicht - sie trägt einen Helm, und es ist Nacht. In wütendem Eifer schlagen beide aufeinander ein. (Die Schilderung des Zweikampfes läßt, trotz aller literarischen Überhöhung, die schiere Brutalität ahnen, in der ein Kampf mit dem Schwert ausgetragen werden muß: „Ausweichen nicht und nicht parieren gilt, sich ducken nicht; Gewandtheit ist kein Helfer. Sie schlagen nicht bald stark, bald schwach, bald scheinbar. Die Fechterkunst verbieten Wut und Dunkel. Du hörst, wie schrecklich sie die Schwerter kreuzen mit voller Wucht. Der Fuß verläßt den Stand nicht. Der Fuß steht fest, die Hand bewegt sich rastlos. Kein Hieb vergeblich und kein Stich ins Leere ... Nun ist die Klinge nicht mehr zu gebrauchen. Sie schlagen mit den Knäufen, stoßen roh, nach keinem Kampfgesetz, mit Helm und Schild.“) Schließlich ersticht Tancred Clorinda und erkennt, nachdem er ihr den Helm gelöst hat, seine Geliebte. Im folgenden langen Klagegesang Tancreds beschreibt Tasso die inneren Konsequenzen der Täuschung und schafft dadurch Gelegenheit, das Verhältnis von Wahrheit und Schein, von Äußerem und Innerem insgesamt zu beleuchten. Wobei der durchstoßene Panzer der Heidin für ihre Panzerung mit dem Unglauben steht, die sich endlich in Bekehrung - das Aufbrechen der Rüstung - wandelt. Denn im Sterben hatte Clorinda ihren Freund um die Taufe gebeten, die dieser ihr gewährte. Das Verbergen durch Panzerung steht im

Kontext der Nacht, in der die verhängnisvolle Begegnung stattfindet, so wie das Erkennen und die Taufe bei aufgehender Sonne geschieht. Die metaphorische Spanne des Epos, im Jahre 1575 beendet, umschließt also die Natur ebenso wie das Menschenwerk in einer differenzierten Gesamtmetapher. Die vorgeschobene, zweite Haut der Rüstung ist hier also eine dezidiert Fehlgehende, sie verbirgt das Wahre und muß überwunden werden. Mensch und Panzer sind trennbar, nicht eins.

Auch Tancred und Clorinda sind in voller Rüstung einander Spiegelbilder der Gewalttätigkeit. Auf gleicher Ebene kann man dem Gerüsteten nur ebenfalls gerüstet begegnen. Ist man ihm gegenüber unverstellt, nackt, ist die Überlegenheit offenkundig und die Schreckmechanismen greifen unmittelbar. (Für eine solche Schreckensphantasie ist eine weitere literarische Quelle aufschlußreich: Cervantes' „Don Quixotte" steht in seiner Phantasie immer wieder der Erscheinung des „Schwarzen Ritters" gegenüber; einer Gestalt mit geschlossenem Visierhelm, die unnahbar als Archetyp des anonymen bösen Gewappneten fungiert. Diese Figur als bloße Projektion Quixottes zu beschreiben, der vor lauter Ritterroman-Wahnideen die Wirklichkeit seiner Zeit verlassen hat, ist der ironische Kunstgriff des Erzählers Cervantes. Trotzdem funktioniert der Typus ungebrochen.) Ist man aber dem Gerüsteten gleich, entsteht ein spiegelbildliches Verhältnis. Allerdings eine Spiegelung, die eine der täuschenden Oberfläche, nicht die eines erkennenden Selbst ist. Dürers Selbstbildnis, vom Spiegelbild abgezeichnet, ist der Gegenpol dieses Blicks: geöffnet, nicht versperrt, verletzlich, nicht geschützt, leiblich, nicht starr.

Der gerüstete Narziß

In der Rüstung funktioniert die narzistische Falle.

Ovid schildert in seinen „Metamorphosen“ Narziß als kühlen, wunderschönen Knaben, der allen Annäherungen von Verliebten widerstand. Die Nymphe Echo fühlte sich so zurückgesetzt, daß sie körperlich verfiel und nur noch als felsiges Echo lebte. Ein verschmähter Liebhaber schließlich verfluchte den Jungen, er möge ebensosehr leiden, wie er Leid ausgelöst habe. Und so entdeckte Narziß sein Spiegelbild in einer Quelle, verliebte sich in das Gesicht, versuchte vergeblich, sich selbst zu erreichen, und starb schließlich vor Kummer. Daß Erkennen nur im Anderen möglich ist, Ovid entwirft diese philosophische Haltung der Antike in zwei verschränkten Beispielen: der repetitiven Echo und dem selbstfixierten Narziß. Der tragische, paradox-vergebliche Versuch, im eigenen Abbild ein Gegenüber zu finden, das reagieren kann, ist ursächlich für den Zusammenbruch des Selbst.

Das verstellte Ich der Rüstung findet seine Entsprechung im verstellten Ich des Gegenübers im Kampf. Auch hier ist nur das gegenseitige Nicht-Erkennen oder besser das Erkennen als Verstellung möglich. Insofern sind die Gerüsteten die idealen Kämpfer, sind sie der reine Krieg; jeweils Bedrohung auf sich zurückspiegelnd und so zur Gewalt gegeneinander bereit. Diese Form des Nicht-Eigentlichseins ist, so belegt es Eibl-Eibesfeldt in seiner Analyse der kriegerischen Gewalt, eine Grundvoraussetzung für die Bereitschaft von Menschen, einander das Leben zu nehmen. Abschottung, Distanz, verhinderte Kommunikation sind, so der Verhaltensforscher, not-

wendig zur Kriegsermöglichung; sie bauen natürliche und gelernte Aggressionshemmungen ab und helfen, den vorhandenen Widerstand gegen die Tötung eines Menschen möglichst zu minimieren. Zentral ist dabei, ein Mitleidsgefühl zu unterbinden, das in vielen Fällen die wirklich tödliche Konsequenz einer Auseinandersetzung unterbindet. Auch hierzu ist die schon erwähnte literarische Episode Tassos um Tancred und Clorinda fast lehrbuchhaft zu lesen. Immer wieder, wenn Erschöpfung oder Skrupel die beiden Kämpfenden zu ermatten drohen, rufen sie sich entwürdigende Worte zu, die den Haß erneut anfachen. Die Frage aber, ob also der Krieg ein pathologischer Ausnahmezustand der menschlichen Gesellschaft sei, verneint nicht nur Tasso aus der literarischen Sicht des 16. Jahrhunderts. Auch die Verhaltenspsychologie belegt deutlich, daß der Kriegszustand vor allem Aufgaben erfüllt. Auf das Wesen und die Struktur des Krieges als erstem Mittel der Politik im 16. Jahrhundert soll genauer noch im folgenden Kapitel eingegangen werden. Unbestreitbar aber werden individualpsychologische Mechanismen benötigt, um dem einzelnen Menschen gegenüber den Krieg als Möglichkeit zu entwerfen und ihn auch konkret werden zu lassen. Der äußere Eisenkörper ist also ein narzistischer Körper, zugerichtet auf die Aggression und Aggression evozierend, weil er Persönlichkeit auslöscht. Die Tötungshemmung sinkt, weil auf das äußere, narzistische Ich geschlagen und geschossen werden kann. Der Mensch in der Rüstung fällt nicht primär in den Raum der Betrachtung. So funktioniert der Spiegel der eisernen Masken auch als Fatalität. Es ist nicht nur leichter, ein Gegenüber zu erschlagen - es ist auch leichter, erschlagen zu werden. Die Panzerung, so läuft das Zirkelsystem, ist nicht nur Schutz und Leibverstärkung, sie ist auch Leibentäußerung und Herausforderung zur Zerstörung.

Verstellung des Blicks

Die Verstellung des Persönlichen ist nicht nur den metallischen, vorgeblendeten Gesichtszügen geschuldet, sondern auch Konsequenz der Verdeckung der Augen. Neben den Muskelbewegungen sind es vor allem die Arten des Blicks, die Pupillengröße und die Blickrichtung, die einen Menschen einschätzbar machen und somit den Kommunikationsprozeß ermöglichen. Diese Chance des Blicks ist durch die geschlossenen Visiere verhindert. Die schmalen Sehschlitze, die die Augen vor Verletzung schützen sollen und somit möglichst eng angelegt sind, beeinträchtigen zuallererst das Blickfeld des Gerüsteten. Aber sie verhindern ebenso das In-die-Augen-Schauen.

Augenbewegung und Pupillenweite, Kontraktionen der Lider und das Spiel mit den Augenbrauen sind hervorragend wichtige, oft unbewußt wirksame Signale menschlichen Miteinanders. Zuneigung oder Ablehnung wird direkt mit weiter oder im zweiten Fall enger Pupille assoziiert. Unruhige Augenbewegungen signalisieren Angst, die Stellung der Augenbrauen läßt Rückschlüsse auf Aggression oder Freundlichkeit zu. Das Ausschalten dieser Verständigungskriterien wirkt sich ähnlich aus wie das Verdecken oder „Einfrieren“ des Mienenspiels im Gesicht. Es ist irritierend, wirkt entfremdend und verhindert eine Einschätzung des Gegenübers. Es bietet gerade durch die Unmöglichkeit, die Blickrichtung zu verfolgen, taktische Vorteile. Viel mehr aber ist die Verstellung des Blicks wiederum eine Form der Entindividualisierung.

Diese Entindividualisierung hat in ihrem Prinzip starke Elemente des Förmlichen, des Strukturierten und des Organisierten. Das metallische Gesicht der Sturmhaube ist ein auch im übertragenen Sinne gefaßtes. Es betont, unter möglichster Vermeidung der beweglich-emotionalen Elemente, die reine Struktur. Deshalb wirken bei den stark verzierten, geätzten Rüstungen die Helme, als sei das Dekorum von den Brust- und Armteilen auf das Gesicht gewachsen, als habe sich die modisch-strukturierte Bekleidung über das Haupt fortgesetzt. Gerade die strukturierenden Formen wie Seh- und Atemschlitze wirken in ihrem abstrakt gestalteten, formal berechneten Anordnungen wie ein Ausschalten des Lebendigen durch das Dekor. Die funktionale Strenge des Eisengesichtes, die Erhebung des Ausdrucks in eine künstliche, ganz und gar der Gestaltungsabsicht und dem Nutzen unterworfene Form, deutet eine Beherrschtheit an, die immer auch Überlegenheit signalisiert.

Deshalb sind die meisten Spuren des Anthropomorph aus den Visieren getilgt. Deshalb erheben sie sich weit über die Maskenhaftigkeit ritueller Verlarvung. Sie formen überindividuelle Struktur. Eventuelle Spuren von Imponiergesten, wie sie in Kriegsbemalungen oder Tiermasken der sogenannten „primitiven Kulturen" noch gestaltbestimmend waren, sind reduziert oder nur mehr als Nachhall zu erfahren. Dadurch sind die Träger der Sturmhauben auf eine andere, bewußtere und dominante Stufe der Kultur erhoben: Interessanterweise läßt sich das auch aus den zahlreichen Holzschnitten und Kupferstichen ablesen, die zu Propaganda-

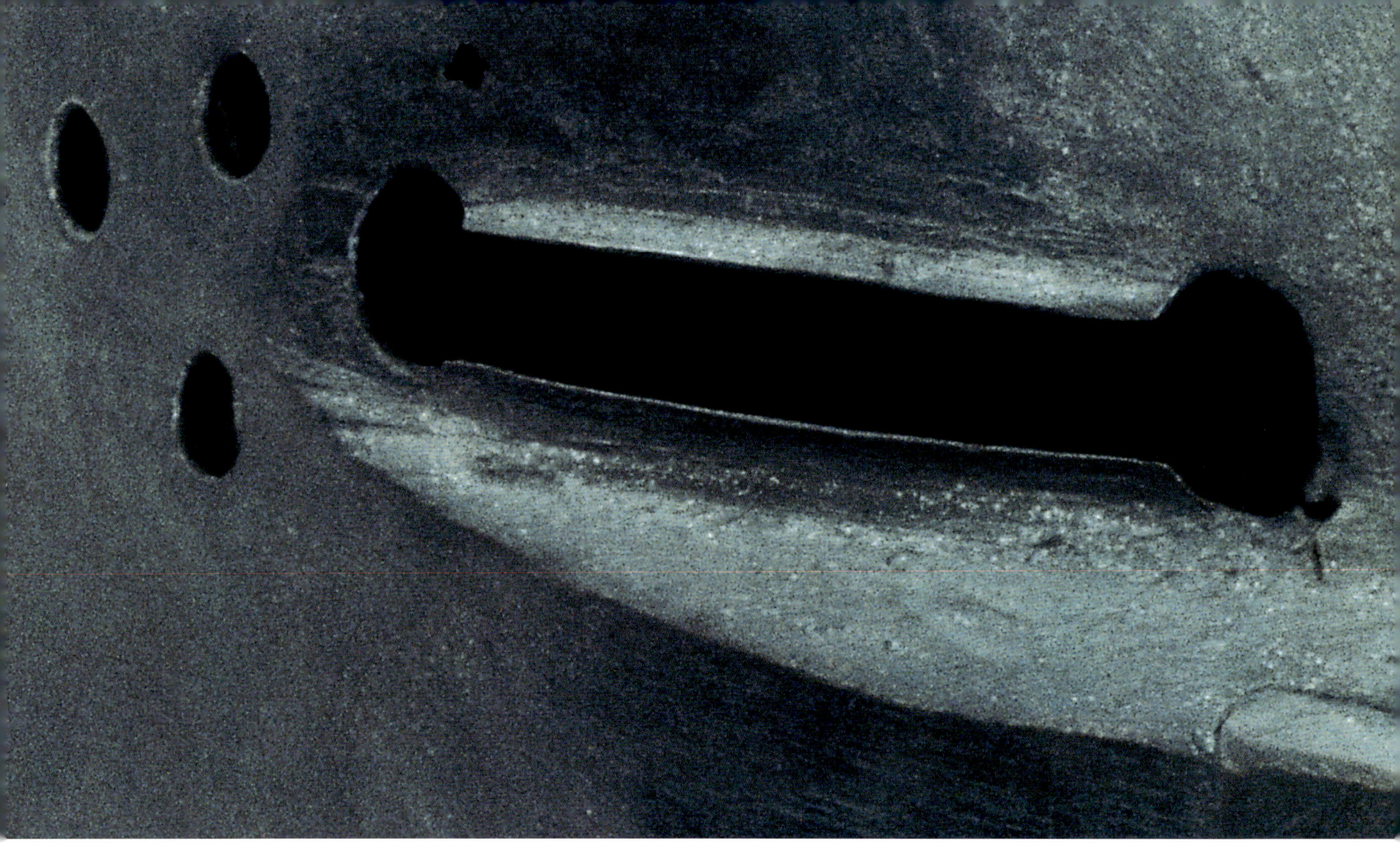

zwecken in der Zeit der ersten großen Türkenkriege entstanden sind. Hier entspricht die Darstellung der Türken dem Muster des „Wilden“: wilde Männer in flatternden Mänteln mit grotesken Bärten, die an sich als fremde Gesichter außerordentlich maskenhaft wirken. Aus diesen Gesichtern scheint unkontrollierte Brutalität, primitive Urwüchsigkeit und Hemmungslosigkeit zu sprechen. Dagegen wirken die geschlossenen Sturmhauben überlegen, konzentriert und vor allem stark. Ihre Träger scheinen nicht dem Furor des Krieges unterworfen, sondern auf der „Seite der Minerva“ geplant und doch mutig, überlegt und auch überlegen zu handeln. In diesem Sinne ist eine andere Art der Rückwirkung von Rüstung auf ihren Träger anzunehmen. Die äußere Fassung formt den individuellen Träger nicht nur zu einem entpersönlichten Krieger, sie gibt diesem Krieger auch den Halt einer durch Kunst und Handwerk überlegen geplanten Struktur, die Struktur einer Kultur ist, welche es zu verteidigen, zu erhalten gilt. Unter Einsatz des Lebens, unter beginnender Aufgabe der Persönlichkeit.

Metallische Ausdrucksfiguren

In den genannten Zusammenhängen ist es aufschlußreich zu verfolgen, welche Ausdrucksdimensionen den metallischen Gesichtern eingeschrieben sind, mit welchen Grundzügen der Entindividualisierung gehandelt wird. Der „Ausdrucksträger" der Helme aus dem 16. Jahrhundert im Grazer Zeughaus ist das Visier. Die Helme - je nach der Entstehungszeit mit mehr oder weniger ausgeprägtem Kamm oder spitz zulaufender Glocke - haben in den wenigsten Fällen anthropomorphe Züge. Schmucklos oder bei aufwendigeren Arbeiten in der (kurz nach 1500 besonders modernen) Riefelmode oder mit geätzten Ornamenten, wirken sie immer abstrahiert.

Assoziationen zu einem Hahnenkamm mögen sich bei deutlich erhöhtem Helmkamm stellen - aber viel stärker als eine irgendwie geartete Anknüpfung an natürliche Formen steht hier ganz das Konstrukt, die kühle tech-

nische Ausarbeitung im Vordergrund. Viele der neueren Hauben haben einen Gesichtsschirm, welcher die Augenpartie besonders schützt und dem Helm ein mützenartiges Aussehen verleiht. Die vorgeblendeten, angenieteten Visiere zeigen eine wesentlich größere formale Variationsbreite. Alle müssen ein Sichtfeld freigeben - das geschieht entweder durch Sehschlitze oder breitere, augenähnliche Öffnungen. Und sie müssen das Atmen ermöglichen. Die Luftschlitze sind zumeist in geometrischen Mustern eingestanzt, wobei sie gruppenweise, kreisförmig oder auch in Dreiecken angeordnet werden. Einige haben eine ebenso schmale Form wie die Sehschlitze, andere sind rund. Manchmal sind die Luftschlitze auch durch eine größere Öffnung auf Höhe des Mundes ersetzt. Und in seltenen Fällen gibt es auch senkrechte, breitere Öffnungen, die wie Andeutungen einer Nase wirken. Aus diesen Grundstrukturen setzt sich das metallene „Gesicht" eines Helms des 16. Jahrhunderts zusammen.

C. H. Hjortsjö hat 1969 in seinem Standardwerk „Man's Face and Mimic Language" die Auswirkungen der Kontraktion der Gesichtsmuskeln schematisiert und deren Ergebnisse interkulturell evaluiert. Hjortsjö kategorisiert 24 Ausdrucksgrundtypen des Gesichtes, die zwar nicht in allen Feinheiten immer übereinstimmend beurteilt werden, in ihrer Grundstruktur aber eindeutig Emotionen zuzuordnen sind. Abgeleitet sind diese Ausdruckstypen von 18 Schemen, die die unterschiedlichen möglichen Kombinationen von Bewegungen der Hauptmuskeln des menschlichen Gesichtes aufzeigen. Vergleicht man die schematisierten Strukturen der Visiere der genannten Zeughaushelme mit Hjortsjös Aufstellung, ist unverkennbar, daß keines der „Eisengesichter" einem der Emotionstypen entspricht. Wichtige Merkmale der Ausdrucksbildung, die gerade aus der Bewegung unterschiedlicher Muskelgruppen entstehen, fehlen bei allen Visieren. Sie stellen keine (maskenhaften) emotionalen Gesichts-

ausdrücke nach. Deshalb erscheinen sie ausdrucks-, ja emotionslos. Unbeteiligt, nicht in einen Kommunikationsprozeß - und sei es auch einer der Wut - einbezogen.
Deutliche Ähnlichkeiten allerdings entstehen im Vergleich mit den Schemata der 18 grundsätzlichen Möglichkeiten, die nach Hjortsjö noch keinem besonderen Ausdruck zugerechnet werden können, den Vorstufen des Gefühls. Hier entsprechen die „Visiergesichter" den Grundzügen gerade jener Schemen, die am wenigsten einer bestimmten emotionalen Färbung unterliegen. Es sind die Muskelstellungen, aus denen sich am ehesten Teilnahmslosigkeit, Nüchternheit und Distanz lesen lassen - jene Übergangsbereiche, die je nach Blickweise auf das jeweilige Gesicht mehrere Interpretationen ermöglichen. Die Visiere markieren die Grenzfälle zwischen Abwehr und Freundlichkeit, zwischen Sorge und Entspanntheit - sie sind in gewisser Weise „leer" und trotzdem immer noch an der Grenze zum menschlichen Gesicht. Sie sind auf eine interessante Art und Weise lesbar: als Projektionsfläche.

Projektionen und Interpretierbarkeit

In einer Serie von B-Movies aus dem Hollywood der fünfziger Jahre spielte Claude Rains einen Mann ohne Gesicht. Die Figur eines Wissenschaftlers, der durch ein Serum unsichtbar geworden war und in diesem Zustand zahllose Verbrechen beging: „The Invisible Man". Um überhaupt für die anderen vorhanden zu sein, mußte diese Figur Kleidung tragen, aus deren Hemdkragen - in einer frühen Form der Tricktechnik nur unter Mühen herzustellen - ein Nichts ragte. In dieses imaginierte Gesicht waren alle nur denkbaren Möglichkeiten des Schrecklichen hineinzu-

lesen. Hinter der Übermaske des Nicht-Erkenntlichen waren alle Potentiale der Skrupellosigkeit, aber auch der Liebesfähigkeit verborgen. Ein solches Nicht-Gesicht ist die Zuspitzung der Projektionsfläche, deren ultimativer Höhepunkt. Aber auch die mechanisierten, dekorativen Eisengesichter der Helmvisiere liegen auf dem Weg der perfekten Projektion.

Die Visiere verstellen das eigentliche Menschengesicht. Sie sind künstlich, und sie - das zeigt der obige Vergleich mit den Emotionstypologien - stehen außerhalb des Gefühls- und Kommunikationszusammenhangs. Die Visiere sind bewußte Entfremdung, entstanden in einer Epoche, in der die Positionen des Ichs und des Gegenübers gedanklich und sozial neu gedacht und formuliert wurden. Sie sind aber in ihrer Wirkung überzeitlich und haben in vielfachen Variationen bis heute Ausdrucksbewußtsein geprägt. Als solche kann man sie auch außerhalb ihrer Funktion betrachten und analysieren. Sie haben den ursprünglich bestimmenden Funktionsrahmen verlassen - der nach den psychologischen Mustern funktioniert, die in diesem Kapitel bisher umrissen wurden -, und sind in eine Ebene der generellen Wirkung überführt. Gerade dies ist aber nur möglich, weil sie tatsächlich schon von ihrer Anlage her auch Projektionsflächen sind. Die Entfremdung, die sie wesenhaft in sich tragen, ist weiterhin lesbar. So entsprechen die Gestalten der gerüsteten schweren Reiter, der Kürisse mit geschlossenen Helmen auf verblüffende Weise den Visionen entmenschlichter Figuren der imaginierten Zukunft. Schon die frühen Roboter-Illustrationen zu Karel Čapeks Science-fiction-Phantasmagorie aus dem Jahre 1920, in der zum ersten Mal ein mechanischer Androide auftritt, zeigen die Züge eines eisernen Gerüsteten in einer Mischung aus metallisch-technoidem und insektoidem Aussehen. In dieser Richtung

fortgedacht, verselbständigt sich die Linie des emotionslosen, willenlosen Objektes, das jede Persönlichkeit verloren hat. Die metallische Außenhaut ist das einzige, es gibt kein Inneres mehr, was hinter der Fassade stecken könnte. Auf der anderen Seite - ebenfalls im Genre der Science-fiction - wird gerade die Spaltungstendenz zwischen äußerer Hülle und Innerem betont. Zahlreiche militärische Negativgestalten des Genres - man denke nur an die Figur des Darth Vader aus Georg Lucas' Filmtrilogie „Krieg der Sterne“, der in eine Rüstungsmaske gezwängt ist, die eine Kombination von Sturmhaube, deutschem Wehrmachtshelm, metallischer Gasmaske und Beatmungsgerät zu sein scheint - sind durch das furchterregende, entpersönlichte Äußere eines geschlossenen Visiers gekennzeichnet. Das Genre spielt geradezu mit der körperlichen Schwäche der Binnenfigur, die oft im krassen Gegensatz zur martialischen Hülle steht. Hier wird also die der Rüstungsfunktion inhärente Aufspaltung zwischen Selbst und Hülle in einer zeitgemäßen Weise weitergedacht.

Gemäß den Entfremdungserfahrungen der Moderne fällt diese Spaltung viel grundsätzlicher aus und scheint nicht mehr aufgehoben werden zu können. Wo Tancreds Durchbohren der Rüstung Clorindas auch noch eine Heilsfunktion neben dem Schmerz hat, wo hinter der Rüstung überhaupt noch etwas Eigentliches vermutet werden konnte, ist die Lage natürlich eine andere. In einer Zeit, die das Selbstidente über das Mittel der Science-fiction ganz grundsätzlich in Frage stellt, könnte die Antwort aber auch ganz anders ausfallen: Hinter der Rüstung ist der Verfall. Und doch: Es stimmt nicht. Tatsächlich ist die Öffnung der schwarzen Maske auch für die populärmythische Figur des Darth Vader eine Erlösung;

tatsächlich findet auch im Massenmedium Film in diesem Falle nichts anderes statt, als was schon Tasso imaginiert hatte: Hinter dem Stahl ist doch noch ein Mensch. Einer, der empfindet, der leidet, der durch die Rüstung aber zum Bösen, zum Gesichtslosen geformt wurde. Bricht das Eisen, tritt der - wenn auch sterbende - Mensch hervor.
So betrachtet, wird sogar der Roboter Karel Čapeks (nach dem Erlahmen dessen futuristischer Fortschrittsgläubigkeit) zu nichts anderem als einem Apotropaion, das im ähnlichen Bezugssystem funktioniert wie die Sturmhaubenkürisse: als gefahrenableitendes Mahnbild. Die Entwicklung des Entmenschlichten wird zwar für möglich gehalten, aber der Entwurf des Roboters soll warnen und abschrecken: Seht, zu diesen Ungeheuern wird es kommen. Paßt auf, wie ihr mit den Entwicklungen der Entfremdung und der Technik umgeht. Der Stahlmensch als Warnungs- und Abwehrbild, in einer gesellschaftlichen Dimension ist er es sowohl als Reiter wie als Roboter. Und beiden Figuren ist, auch das verbindet sie über die Jahrhunderte, eben nicht nur die Furcht eingeschrieben. Sosehr diese Eisengesichter und Stahlmänner auch erschrecken mögen, so faszinierend sind sie. Furcht und Faszination der Gesichtslosigkeit entspringen dabei der gleichen Quelle: Der Möglichkeit, dem eigenen Gesicht ein entfremdetes, funktionales vorzublenden.

Zur Geschichte der Schlagwaffen und Rüstungen siehe
Peter Krenn, Schwert und Spieß, Landeszeughaus Graz; Ried 1997.
Peter Krenn (Hrsg.), Der Grazer Harnisch in der Türkenabwehr, Graz 1971.
In der Darstellung der literarischen Tradition des mittelalterlichen Ritters folge ich
Joachim Bumke, Höfische Kultur, München 1986,
dem ich auch die Zitate über die Bannung des Bogens und der Armbrust entnehme.

Zur Geschichte der Armee und des Drills:
Michel Foucault, Überwachen und Strafen; Frankfurt 1976.
Zu den Charakteren der „universumsharmonischen" Energien des Neoplatonismus:
Thomas Höft, Die Machbarkeit der Welt; in Concerto Nr. 45, Köln 1989.
Die These Phillipe Braunsteins zum Gesicht Kaiser Friedrichs ist zitiert aus
Philippe Braunstein, Annäherungen an die Intimität;
in: Philippe Ariès und Georges Duby (Hrsg.), Geschichte des privaten Lebens, Band 2;
Frankfurt 1990.
Die Anmerkungen zu den biologischen Grundlagen der Physiognomik beruhen auf
Irenäus Eibl-Eibesfeldt, Die Biologie des menschlichen Verhaltens; München 1984.
C.-H. Hjortsjö, Man's Face and Mimic Language, Malmö 1969.
Siegfried Schmidt (Hrsg.), Der Diskurs des radikalen Konstruktivismus; Frankfurt 1987.
Zum Charakter des Apotropaions in der Romanik siehe
Horst Bredekamp, Wallfahrt als Versuchung;
in: Martin Warnke (Hrsg.), Kunstgeschichte. Aber wie?; Berlin 1989.
Die Episode von Tancred und Clorinda aus dem „Befreiten Jerusalem" ist zitiert nach
Torquato Tasso, Werke und Briefe, übersetzt von Emil Staiger; München 1978.

Alltägliche Grenzen

April 1998
Vergleiche gesucht und keine gefunden.

All die Helme im Gebälk,
... Vogelnester? Bienenwaben?
... viel zu kühl, um sie so zu nennen.
Statt dessen der serielle Blick:
nur noch nach der Struktur schauen,
keine Form mehr wahrnehmen.
Und nah herangehen:
An den Gewehrschäften vorbeiblicken,
so daß sie keine Schäfte mehr sind,
nur noch Linien, nur noch Senkrechten
im Gegenlicht.
Wenn die Sonne günstig steht,
leuchtet tausendfaches Funkeln
von den polierten Harnischen.
Johannistag auf Metall.
Mit den Prunkrüstungen auf den Gestellen
irgend etwas zwischen Theater und Fabrik.
Stahltheater,
und doch wird niemand annehmen,
daß die Harnische sich beleben könnten,
auf einen zumarschieren, die Schwerter ziehen ...
Alles ist ruhig.
Auch die Reflexionen des Sonnenlichts
beleben nicht.
Sie strukturieren.

Eine Frage der Entfernung

Als sich die Schußwaffen kriegsentscheidend und massentauglich durchsetzen, als also der Tod in die Distanz zu rücken beginnt, holt ein anderes Instrument die Entfernung an den einzelnen heran: Um 1600 arbeitet Galileo Galilei mit einem Fernrohr, um die Gestirne zu beobachten (einige Jahre zuvor ist das optische Gerät unabhängig davon wohl in Holland zum ersten Mal benutzt worden). Durch das Fernrohr wird wirklich, was der Philosoph und Wissenschaftler Giordano Bruno metaphorisch behauptet hatte: Bruno hatte die Existenz von unzähligen weiteren Sonnensystemen außer dem unseren aus seinen Beobachtungen abgeleitet und propagiert. Eine ungeheure Entdeckung, die nicht nur die Himmelsbetrachtung revolutioniert. Die Erkenntnis der Unendlichkeit, so Bruno, falle in den unzähligen Lichtern der Sonnen in das Auge des Betrachters zurück und würde ihn in einer Art ekstatischem Akt zerreißen. Galileos Fernrohr bündelt das Licht ins Auge zurück und läßt das Ferne nah sein. Zwar stirbt man nicht physikalisch an dieser Ungeheuerlichkeit, vielleicht aber gedanklich - denn für einen erdzentristisch denkenden Menschen ist es, wie mit Zentrifugalkraft aus dem Mittelpunkt des Universums an den Rand geschleudert zu werden. An dieser Grenze zum Denkbaren greifen die Ideenwächter der Inquisition ein. Giordano Bruno wird in Venedig verbrannt, Galileo muß seine physikalisch-philosophischen Gedanken widerrufen.

Die Revolution, die die Werte der alten, christlich-europäischen Welt um das Jahr 1600 in den Grundfesten erschüttert, ist bildhaft in den beiden Extremen der Geschwindigkeits- und Distanzüberwindung zu finden: Massentötung auf große Entfernung und das Überwinden von ungeahnten Strecken im eigenen Blick sind so zwei Seiten derselben Entwicklung. Nimmt man noch ein Drittes hinzu, nämlich die Entdeckung der Möglichkeiten zur exakten Messung von Minute und Sekunde durch den Uhrmacher Jost Burgi am Prager Hof Kaiser Rudolfs II., ist die prägende Kraft der Mechanik nicht mehr zu übersehen. Instrumente teilen den Ablauf der Zeit in kleine, ewiggleiche Einheiten, die wie ein maschineller Herzschlag unerbittlich Tag und Nacht segmentieren. Instrumente holen ferne Welten wie den Mond über ein optisches Verfahren zum Greifen nah vor die Augen des Menschen. Und mit Instrumenten kann der eine den anderen töten, ohne ihm nahe zu treten und selbst in Gefahr zu geraten. All das ist noch nicht perfektioniert, doch der Weg - der bis heute anhält - ist eingeschlagen. Der Mensch muß sich auf andere Entfernungen einstellen, die Beschleunigung beginnt.

Verstaatlichung des Krieges

Michel Foucault beschreibt den grundlegenden Paradigmenwechsel in der Kriegsführung zu dieser Zeit so: „Kriegshandlungen und -anstalten haben sich mehr und mehr in den Händen einer Zentralmacht konzentriert, so daß dann de facto und de jure nur noch die Staatsmächte Kriege anzetteln und Kriegsmittel einsetzen konnten. Also eine Verstaatlichung des Krieges. In der Folge verschwand aus dem Gesellschaftskörper, aus den Verhältnissen zwischen den Gruppen das, was man den Alltagskrieg nennen könnte, was man den Privatkrieg nannte. Mehr und mehr gibt es Kriege nur noch an den Grenzen, an den äußeren Grenzen der großen

Staatseinheiten - als tatsächliches oder drohendes Gewaltverhältnis zwischen Staaten ... Durch diese Verstaatlichung, die ihn an die Grenzen des Staates drängte, wurde der Krieg zum professionellen und technischen Monopol eines sorgfältig definierten und kontrollierten Militärapparates: Entstehung der Armee als Institution, die als solche im Mittelalter nicht existiert hat ... Das Paradox ist, daß während und nach der Transformation, die den Krieg einerseits zentralisiert und andererseits an die Grenzen des Staates verdrängt hat, ein bestimmter Diskurs aufgetaucht ist, ein neuartiger Diskurs ... Was sagt denn diese Rede? Im Gegensatz zur philosophisch-juridischen Theorie sagt sie: die politische Macht fängt nicht dann an, wenn der Krieg aufhört. Die rechtliche Organisation der Macht, die Struktur der Staaten, der Monarchien, der Gesellschaften hat ihr Prinzip nicht dort, wo der Lärm der Waffen verstummt. Der Krieg ist nicht zu Ende. Zunächst hat er die Geburt der Staaten eingeleitet. Das Gesetz geht aus verbrannten Städten und verwüsteten Ländern hervor ..."

Wie die staatliche Ermächtigung aus der Verwüstung erwächst, läßt sich am eindrucksvollsten an der Situation der Militärgrenze zeigen. Zwar weigert sich der kroatische Adel noch 1558, der Zerstörung von Festungen zuzustimmen, die östlich der beabsichtigten Grenze liegen, doch es hilft nichts. 1578 überträgt Kaiser Rudolf II. formal die Verantwortung für die Verteidigung der Grenze an Erzherzog Karl, den Landesfürsten der Steier-

Luntenschloß-
gewehre

mark, Kärntens und Krains. Das Grenzgebiet wird zu einem ständig umkämpften Gewaltraum, zumal sich die großen Fronten verhärten. Jahrzehntelang sind es nicht die großen Kriege, sondern die ständigen kleinen Überfälle, das Verwüsten, Plündern und Morden im lokalen Rahmen, das die Auseinandersetzung bestimmt. Der nach außen gelagerte Krieg wird alltäglich, das Gemetzel an den Rändern zur Regel.

Steuer und Robot

Die wichtigste Grundlage der Ermächtigung der Landstände lag in ihrem Steuerbewilligungsrecht. Der jeweilige Landesfürst konnte zwar den Bedarf zum Schutz des Landes anmelden, eine rechtliche Handhabe gegen die Stände in bezug auf die Steuern hatte er jedoch nicht. Gerade was die Höhe der Steuern betraf, war der Fürst auf eine Kooperation der Stände

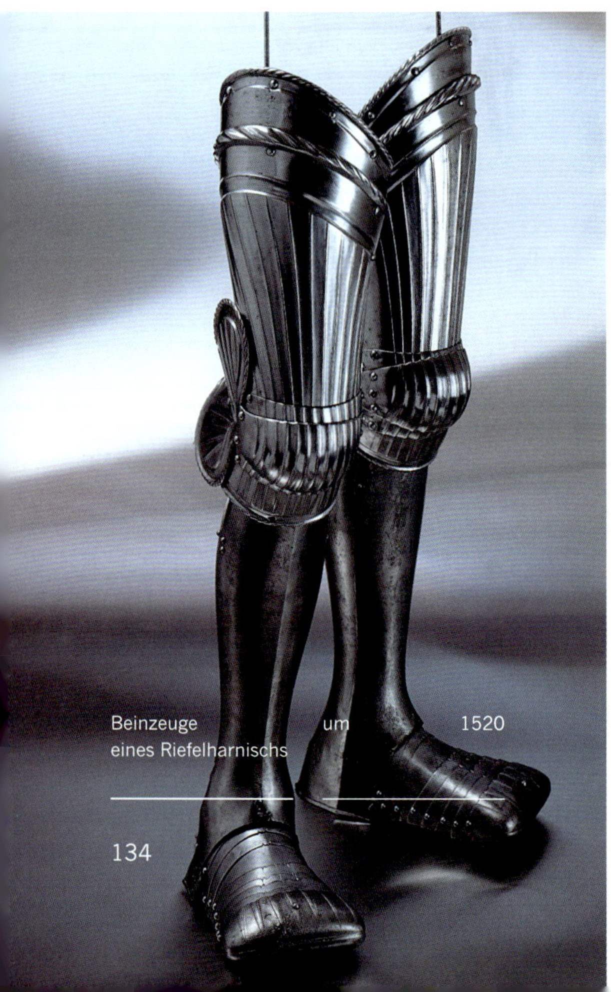

Beinzeuge eines Riefelharnischs um 1520

Riefelharnisch Innsbruck 1510/11
Hans Maystetter

angewiesen, denn neben dem grundsätzlichen Bewilligungsrecht hatte der Landtag auch über den Umfang der Besteuerung zu entscheiden. Die Bemessungsgrundlage, auf der die Steuern erhoben wurden, war die Gült. Gültensteuer wurde von den Besitzenden erhoben, berechnet auf der Grundlage der Erträge aus Zinsen ihrer Untertanen und dem Einkommen aus weiteren Rechten wie den Bergholden und anderen; die Grundherren wiederum forderten die Steuerausgaben von ihren Untertanen nach deren Zinsaufkommen ein. Das Dickicht von Bewilligungen, Umrechnungen, Sach- und Naturalleistungen, Arbeitsleistungen und finanzieller Abgeltung ist schwer zu durchdringen und in diesem Rahmen nicht darzustellen; als Ergebnis wichtig festzuhalten ist, daß sich die anfallenden Steuern von 1543 bis 1624 auf das Vierfache der Gült steigerten und daß zusätzliche Erhebungen wie eine Leibsteuer, Gebäudesteuer oder Vermögenssteuer für weitere Belastungen sorgten. Da die Grundherren ihre Besteuerung direkt von den Untertanen einforderten, kam es konkret zu einer fast unerträglichen Steuerlast für den „gemeinen Mann", die bis zum Zehnfachen des Grundzinses betragen konnte. Ein weiteres Mittel der Ermächtigung der Stände einerseits, der Stärkung der Verteidigung andererseits und schließlich der Erhöhung des Drucks auf die Bevölkerung war die Zwangsverpflichtung zur „Landrobot". In bedrohlicher Lage konnten die Stände Männer zu Arbeiten wie Festungsbauten oder dem Errichten von Barrikaden heranziehen. Auch die Definition der „bedrohlichen Lage" unterstand dem landständischen Beschluß, und zeitweilig wuchs sich die Verpflichtung zur Zwangsarbeit in Dimensionen aus, die es den verpflichteten Männern nicht mehr erlaubte, ihren heimischen bäuerlichen Pflichten nachzukommen. Die Robot löste schwere Existenzkrisen im bäuerlichen Bereich aus. Die Verarmung ganzer Regionen, die nicht nur die Belastung durch ständige Überfälle und fast unaufbringbare Steuern zu tragen hatten, sondern auch noch durch Zwangsleistungen gehindert waren, überhaupt etwas zu erwirtschaften, war die Folge. Die ehemals so stolze Idee der bäuerlichen Selbsthilfe wandelte sich im 16. Jahrhundert zu einer neu gefestigten Abhängigkeit von der Obrigkeit, die die einfachen Bauern noch einmal mehr zum Spielball der Mächte machte. Die einzige Chance, eine neue bäuerliche Selbständigkeit zu erringen, bestand darin, sich als Grenzbauer in Kroatien anzusiedeln. Dort waren die Verhältnisse gleichzeitig gefährdeter, aber auch freier.

Grenzbauern

Die Militärgrenze war organisatorisch in vier Abschnitte unterteilt. Verwaltet wurde sie vom Grazer Hofkriegsrat, stand also unter der Ordnungshoheit des Landesfürsten. Den finanziellen Aufwand zur Unterhaltung der Grenze übernahmen - auf dem schon erwähnten Landtag in Bruck a. d. Mur im Jahre 1578 - die Landstände von Steiermark, Kärnten und Krain. Weite Teile des Grenzgebietes waren zum Niemandsland geworden. Die unaufhörlichen Plünderungen hatten die Landbevölkerung immer weiter dezimiert, schließlich vertrieben. Die Gehöfte waren zu großen Teilen verwüstet, das Land verödet. Um die Grenze halten zu können, war es notwendig geworden, die entvölkerten Landstriche wieder zu besiedeln. Doch wie bringt man Bauern dazu, in ein Kriegsgebiet zu ziehen, das alles andere als eine Gewähr auf ein sicheres Leben bot? Die Antwort lag in weitreichenden Privilegien, die den möglichen Siedlern zugebilligt wurden.

Die Neubesiedlung des Grenzlandes ist keine einseitige Maßnahme. Man sollte nicht übersehen, daß zur gleichen Zeit, in der auf westlicher, christ-

licher Seite eine Absicherung des Status quo betrieben wurde, ebensolche Interessen auf türkischer Seite verwirklicht wurden. Wichtigste Träger der Grenzsicherung auf westlicher Seite waren die Walachen, Familien serbisch-orthodoxen Glaubens, die von der türkischen Seite auf westliches Gebiet herüberwechselten (eine neue Demütigung für die kroatische Bevölkerung, die nach ihrer Entmachtung den Angriffen der Türken schutzlos ausgeliefert war und nun durch eine Bevölkerung der „anderen Seite" ersetzt und verdrängt wurde). Den Walachen wurden weitreichende Zugeständnisse gemacht: Für ihre Verpflichtung zur ständigen Wehrbereitschaft erhielten sie eigenes Land als freie Bauern. Zwar wollten die ehemaligen Grundherren nicht darauf verzichten, die neuen Siedler zu Untertanen zu machen, doch in Hinsicht auf die Erweckung eines wirklichen Eigeninteresses an der Grenzverteidigung gelang es der steirischen Militärverwaltung, alle diese Ansprüche abzulehnen. Schließlich sicherte Kaiser Ferdinand II. im Jahre 1630 in den „Statuta Valachorum" die walachischen Privilegien kraft seines Amtes ab. Damit waren die Bauern freie Grundbesitzer, konnten über ihr Gut nach eigenem Willen entscheiden und waren von allen Abgaben befreit. Die Grundstücke wurden den Siedlern geschenkt, sie mußten nicht erworben werden. Und sogar die lokale Gerichtsbarkeit unterstand keinem etwaigen Grundherrn, sondern wurde den Dorfbewohnern selbst unterstellt, die dazu jährlich einen Dorfrichter wählten.

Die neuen Siedler verteidigten also keinen abstrakten Staat, sie verteidigten ihr eigen Hab und Gut. Gewiß gab es neben der ständigen Bedrohung auch neue Probleme: das Land im Generalat Varaždin war wesentlich ertragreicher als das im Generalat Karlstadt, wo es immer wieder zu Hungersnöten kam. Insgesamt gesehen war die Situation an der Grenze aber, was Eigenverantwortung, Selbständigkeit und Ermächtigung betrifft, für die Bauern konträr zur Entwicklung im Reichsgebiet. Die Randverlagerung des Krieges war die Handlung eines neuzeitlich handelnden Staatssystems, das die ursprünglich religiös und genealogisch zu rechtfertigenden Privilegien und Unterordnungen nur mehr nach Maßgabe der Opportunität verteilte. Freiheit dort, wo sie für das Gesamtsystem nutzbringend ist, Unterdrückung und Ausbeutung dort, wo sie durch klare Machtverhältnisse abgesichert ist.

Riefelharnischbrust um 1520

Kriegsgewinne

Rüstung ist ein Geschäft. Die Freiheit an der Grenze - gerechtfertigt durch die jeder Handlung unterlegte Angst vor der Bedrohung durch „das Andere" - schuf maximale Gewinnräume. Die Anzahl von Skandalen - Hilfsgelder, die in unergründlichen Kanälen verschwanden; Bauarbeiten, die sich unsinnig verteuerten und die unprofessionell ausgeführt wurden - potenzierte sich. Ein Beispiel dafür sind die Geschehnisse um den Festungsbau in Kopreinitz, aus dem die Möglichkeiten der Verflechtungen von Macht und Kriegsgewinnlerei deutlich abzulesen sind. Die mittelalterliche Festung ist stark beschädigt und soll, so beschließt man im Jahre 1556, wieder aufgebaut und modernisiert werden. Für die Bauarbeiten werden Untertanen der kroatischen Stände zwangsverpflichtet, das Baumaterial wird von den steirischen Ständen zugesagt und gestellt, ebenso wie ein großer Beitrag zu den Baukosten. Bis 1574 wird gebaut, aber als der Ingenieur Alexander de Pasqualini die fast vollendete Festung besichtigt, muß er feststellen, daß den Planungsvorgaben nicht entsprochen wurde. Die Kosten sind durch unsinnige Umplanungen explodiert, und das Endergebnis weicht „von allen Regeln der Baukunst" ab.

Während die Organisation der Militärgrenze zeitweilig einem Aufteilen von Pfründen gleichkam, war die Situation der Grenzbevölkerung bei aller gesellschaftlichen Freiheit weiterhin bedrohlich. Beide Seiten versuchten, die Ansiedlung von privilegierten Bauern zu verhindern und so die Position des Gegenübers zu schwächen. Ein Mittel dazu war das sogenannte „Tschettieren" (abgeleitet vom kroatischen „ceta" für „kleine Truppe"), das nicht als Kriegshandlung verstanden wurde: Überfälle kleiner Gruppen von Bewaffneten, um neue Siedlungen zu zerstören, die Ernte zu vernichten und die Bewohner zu ermorden oder zu entführen. In der ausgeübten Grausamkeit unterschied sich keine Seite von der anderen. So berichtet eine christliche Chronik des Jahres 1575: „Am 22. Januari die Türken über die Mitte eingefallen und 500 Menschen entführt. Im Februar haben die Türken das Kastell St. Georgen bestürmt. Im Mai hat eine große Zahl Türken St. Georgen bestürmt und umliegende Orte angezündet. 50 Personen, 60 Pferde und 400 Stück Vieh entführt. 12. Juni. Eine große Anzahl Türken hat das Kastell St. Georgen angegriffen, zwei Kirchen verbrannt. Im August haben die Türken Copreinitz in großer Zahl angegriffen. Im selben Monat die Vorstadt von Copreinitz in Brand gesteckt." Diese Auflistungen lassen sich als Propagandameldun-

Beinzeug um 1520
eines Riefelharnisch

Reiterharnisch
Erzherzog Karls II.

Conrad Richter
Augsburg um 1565

Plankengestech-
rüstung

Augsburg 1570/80

Garnitur für Turnier-
gebrauch von Kaspar
zu Völs-Schenkenberg

Michel Witz d. J.
Innsbruck 1560

Garnitur für Turniergebrauch von Kaspar zu Völs-Schenkenberg

Michel Witz d. J.
Innsbruck 1560

gen über die Grausamkeit der Türken und die Notwendigkeit zu höheren Steuern sicher gut einsetzen. Liest man hingegen, was Veit von Hallegg, steirischer Obristleutnant, 1562 von der Militärgrenze berichtet, erscheinen die Greuelmeldungen in einem anderen, noch schrecklicheren Licht: „Der Überfall ist gut ausgegangen. Haben eine große Anzahl von Dörfern zerstört und über 1000 Häuser angezündet. Auch die Ortschaften um die Befestigung Slatinay haben wir völlig ausgebrannt. In der Befestigung befanden sich 370 Soldaten und viele Menschen, die hineingeflüchtet sind. Sie haben sich zwar lange gewehrt, schließlich haben wir das Schloß in Brand gesteckt. Niemand hat das Feuer überlebt."

Es gibt in diesem Dauerkrieg keine per se gute oder böse Seite. Die Pervertierung durch die Gewalt ist allgemein und keine Frage des Glaubens. Ein weiteres Beispiel dafür ist der rege betriebene Kinderhandel: Die Osmanen benutzten entführte Kinder nicht nur für ihre Elitetruppen, sondern auch für ihren straff durchorganisierten Beamtenapparat. Jeder Familienabhängigkeit und somit der möglichen Vorteilsgebung befreit, können die streng islamisch erzogenen Kinder nach ihrer Ausbildung als Erwachsene die loyalsten Staatsdiener sein. Den Bedarf an Kindern stillten nicht nur die militärischen Übergriffe mit Entführungen, sondern auch die Grenzbewohner auf der westlichen Seite, die Kinder an die Osmanen verkauften. Überhaupt war der Menschenhandel ein einträgliches Unternehmen an der Grenze. Bei den gegenseitigen Überfällen gab es oft eine ansehnliche Beute an Menschen, die gegen Geld oder Sachwerte eingetauscht werden konnten. Eine Handlung, die ebenfalls auf beiden Seiten üblich und akzeptiert war. Die Grenze war also weit mehr eine Membran als eine unüberwindliche Linie. Handelsbewegungen liefen über sie ebenso wie Militärbewegungen, ja einige Festungen wurden zu regelrechten Handelszentren und erlebten in der Grenzzeit einen gesicherten ökonomischen Aufschwung.

Rüstungsboom

Die Herausforderung, die vorgeschobene Militärgrenze zu verteidigen und gleichzeitig ein unabhängiges Landesaufgebot zu gewährleisten, führte ab 1575 zu einer massiven Aufrüstung. Die steirischen Stände, finanziell sowohl für die Militärgrenze als auch die Aufgebote verantwortlich, sorgten mit Rüstungsgroßaufträgen für einen Boom im Waffengeschäft. Das erforderliche Material und das Know-how mußten allerdings aus dem deut-

Prunkharnisch
Michel Witz d. J.

Innsbruck um 1550

Roßharnisch
Conrad Seusenhofer
Innsbruck um 1510

aus dem Besitz des
Georg v. Stubenberg-
Wurmberg

schen Reichsgebiet eingekauft werden, die heimischen Kapazitäten reichten bei weitem nicht aus. Ein Hauptzentrum der Waffenschmiedekunst war zu dieser Zeit die freie Reichsstadt Nürnberg. 1575 richteten die steirischen Landstände an den Rat der Stadt die Anfrage, ob diese einige erfahrene Büchsenmeister nach Graz entsenden könnten - was auch prompt geschah. Außerdem wurde eine große Menge hochqualitatives Schießpulver geordert - beim Nürnberger Händler Georg Sonner. Sonner erhielt zwei Jahre später auch den ersten wirklich großen Rüstungsauftrag: innerhalb mehrerer Monate lieferte er 2500 Schützenhauben, 180 leichte Reiterharnische und 180 Landsknechtsharnische, 1169 Radschloßgewehre und 57 Radschloßpistolen sowie alles notwendige Zubehör. Dies war der Auftakt für weitere große Lieferungen, insgesamt kamen in den folgenden zehn Jahren noch knapp 3000 Harnische, über tausend Gewehre und fast ebenso viele Pistolen aus Nürnberg nach Graz.

Außer den Ständen orderte auch die landesfürstliche Hofkammer Waffen, so daß „Graz damals eine der am besten ausgerüsteten europäischen Städte gewesen sein dürfte", wie es Peter Krenn als Fazit seiner Forschung über die Nürnberger Waffenlieferungen feststellt.

Während die landesfürstlichen Waffen in einem neu errichteten Zeughaus in der Grazer Hofgasse und einer Dependance auf der Schloßbergfestung aufbewahrt wurden, verteilten sich die landständischen Waffen auf Depots an den Stadttoren und in Dachgeschoßkammern des 1565 errichteten neuen Landhauses an der Herrengasse. Bei der ständig wachsenden Zahl von Rüstungen und Waffen wurde der Raum bald knapp, die Berichte über Probleme, eine wirklich sinnvolle und fachgerechte Lagerung zu gewährleisten, mehrten sich.

Bereicherungen

Inzwischen führte die landständische Verantwortung für die Grenzfinanzierung dazu, daß zahlreiche Karrieren des steirischen Adels in Kroatien begannen. Offensichtlich war es - trotz einer geringen Grundbesoldung - durchaus erstrebenswert, an der Grenze Dienst zu tun. Denn nicht alle Bauern waren privilegiert, es gab - insbesondere bei den großen Festungsstädten - auch unfreie Bauern, die den Festungskommandanten gegenüber abgabeverpflichtet waren. Die unfreien Bauern erwirtschafte-

Geätzte Brust Mitte 16. Jh.

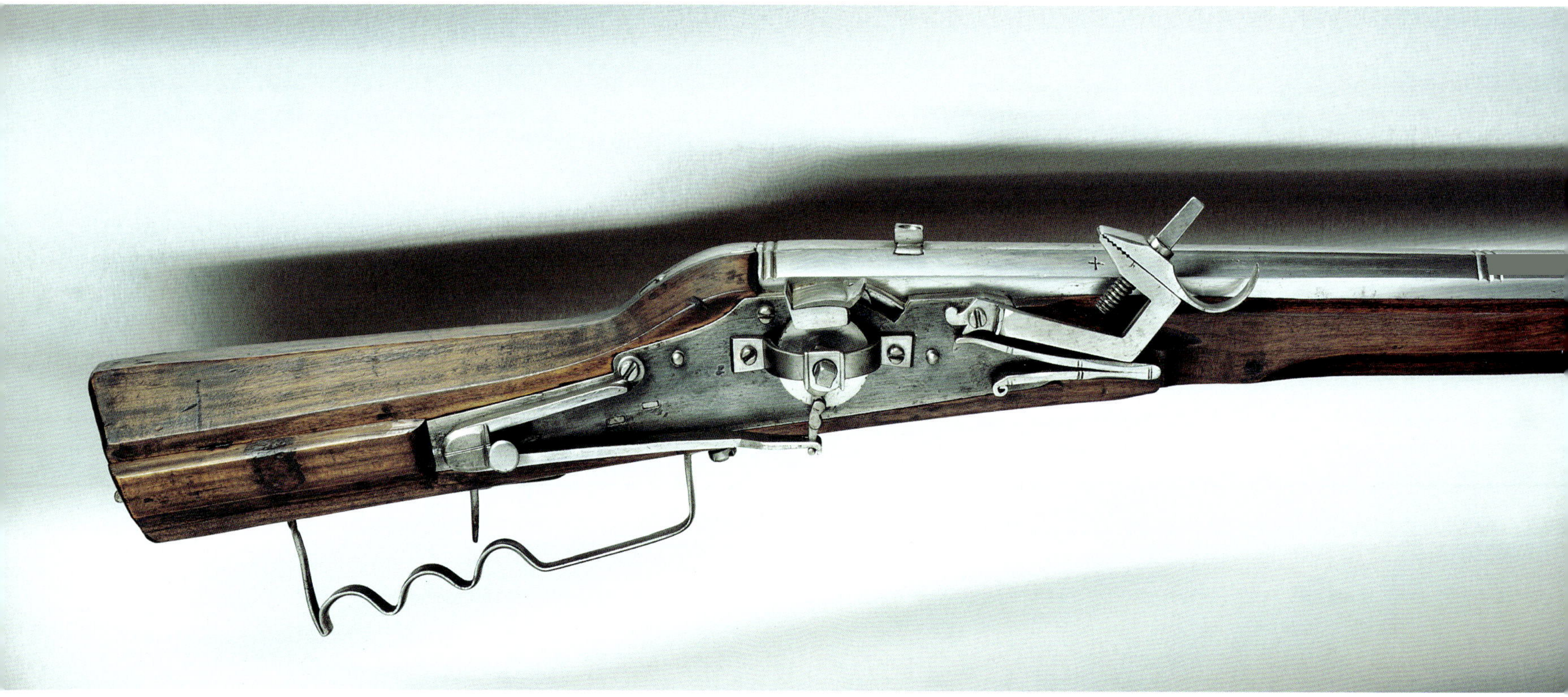

ten nicht nur besteuerungsfähige Werte, sondern durften auch dienstverpflichtet werden. So konnte der Hauptmann von Creuz neben seinem Sold und den Abgaben auch noch die Einkünfte aus rund 90 Joch Ackerland, Wiesen, Wäldern und Weingärten für sich beanspruchen, wobei er die Ländereien von den Unfreien bearbeiten ließ. Könnte man alle diese Einkünfte als „Grundsicherung“ bezeichnen, so gab es dann noch die Chance, durch Kriegsbeute wirklich reich zu werden. Die ständigen Überfälle auf türkisches Gebiet waren eine lukrative Einnahmequelle, zumal die Soldaten verpflichtet waren, das geraubte Gut mit ihren Hauptleuten zu teilen. Schließlich häuften sich nicht nur Wertgegenstände wie Teppiche und Schmuckstücke aus türkischem Besitz in den Festungen; ebenso begehrt waren, wie oben erwähnt, auch Gefangene, die man entweder zum Rückkauf anbot oder selbst als Diener „versklavte“.

Die Plünderungen und Versklavungen waren Teil einer Situation, die sich fast dem Zustand eines „rechtsfreien Raumes“ annäherte, in dem nur die reine Gewalt und Überlegenheit die Maßstäbe setzten. Erst in der Wende vom 17. zum 18. Jahrhundert - tatsächlich nach Übernahme der Grenze durch die Wiener Zentralverwaltung - wurden die Plünderungen untersagt und die staatliche Rechtsordnung auf die Grenzbezirke wirksam ausgeweitet und auch durchgesetzt.

Bis dahin jedoch blühte der Postenschacher, die Verschiebung von kriegswichtigem Material, das Verkaufen auf eigene Rechnung und die Pfründenwirtschaft unter rücksichtsloser Ausbeutung der unfreien Bauern und der gnadenlosen Plünderung der türkischen Gebiete. Der rechtsfreie Grenzraum führte sogar zu einer Wirtschaftskrise, wie es Helfried Valentinitsch beschreibt: „Ab 1620 boten die Türken aus Mangel an Bar-

Radschloßgewehr	Länge	113,5 cm
Ende 16. Jh.	Gewicht	3,85 kg
	Kaliber	14,3 mm

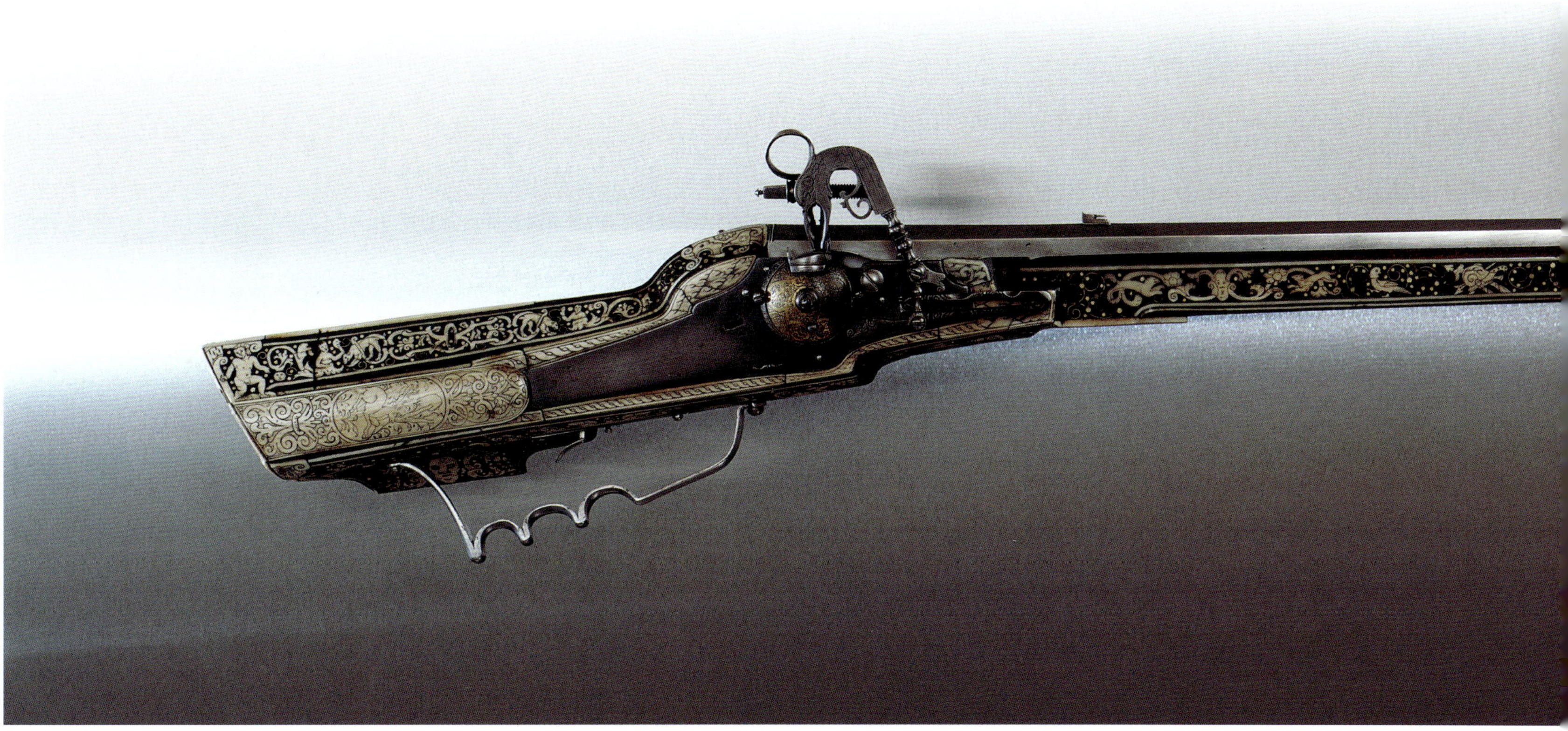

geld für die Freilassung ihrer Leute Salz an. Die steirischen Offiziere verfügten deshalb bald über einen so großen Vorrat an türkischem Salz, daß sie dieses in Kroatien nicht mehr verkaufen konnten. Sie ließen es deshalb unter Umgehung des landesfürstlichen Salzmonopols in die Untersteiermark schmuggeln und hier zu einem extrem niedrigen Preis weiterverkaufen. Der Salzschmuggel wurde dadurch wesentlich erleichtert, daß der Kaiser während des 30jährigen Krieges mehrmals den Preis des steirischen Salzes drastisch anhob. Die Folge davon war, daß der Ausseer Salzabsatz in der Untersteiermark empfindlich gestört wurde."

Die Geschichte des Grenzraumes und seiner Ausstattung durch die Steiermark ist also auch die Geschichte einer Schattenwirtschaft mit allen negativen wie positiven Auswirkungen. Die Verlagerung des Krieges an den Rand beruhigte zwar zum einen die Verhältnisse im Inneren des Staates, lenkte jedoch alle Extremata auf die Außenmembran. So war die Grenze ständige Drohung und Verlockung zugleich, die Schnittstelle, an der alle Perversionen der Zeit, alle Widersprüche und Probleme offen zu Tage traten. Eine nicht verheilen wollende Wunde und ein Infektionsherd sondergleichen, an dem mit aller Brutalität die Regeln erprobt wurden, die schließlich für das ganze Staatssystem gelten sollten.

Gegenreformation

Während sich die - zumeist protestantischen - steirischen Stände noch immer ihrer Macht sicher glaubten, während sie aufgrund ihrer festgeschriebenen Rechte dem Landesfürsten gegenüber weiterhin fordernd

Radschloßbüchse	Länge	117,4 cm
um 1600	Gewicht	3,95 kg
	Kaliber	15,1mm

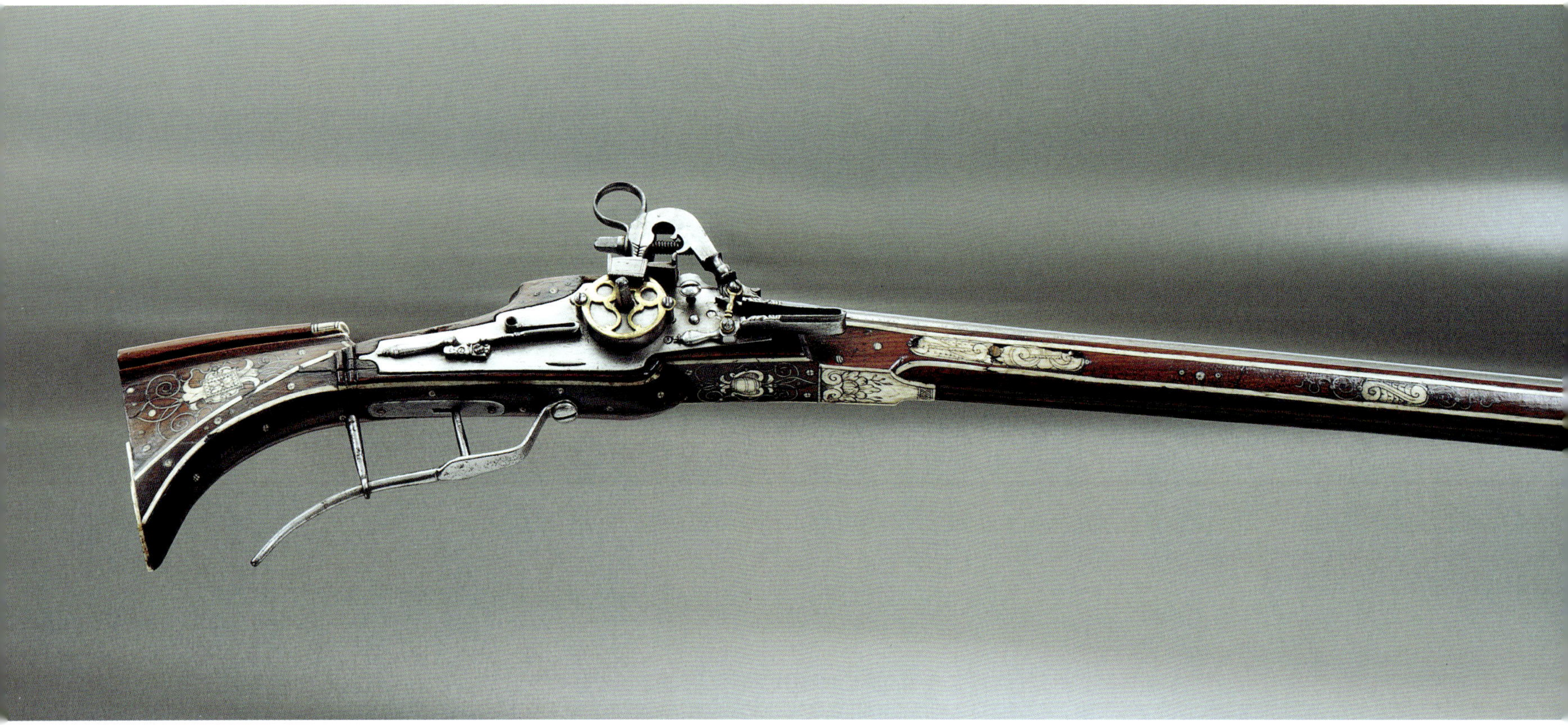

auftraten, veränderte sich allmählich die große politische Lage in Richtung einer neuen Krise. Kaiser Rudolf II., selbst zwar spanisch erzogen und von der herausgehobenen, unverletzlichen Stellung des katholischen Glaubens überzeugt, gestand dennoch aus taktischen und philosophischen Gründen den Ständen neue Freiheiten zu. Er holte sich jüdische Theologen, protestantische Wissenschaftler und islamische Gelehrte an seinen Hof in Prag, um die Utopie einer geistig vervollkommneten, unter dem Primat des Kaisers stehenden Weltgesellschaft zu leben. Die Realität aber sah anders aus. Die konfessionellen Gegensätze verfestigten sich immer weiter zu machtpolitischen Rivalitäten, wodurch der Augsburger Religionsfriede mit seiner Verknüpfung von Glauben und Herrschaft ja entscheidend beigetragen hatte. In dieser spannungsgeladenen Situation hatten sich die nach dem Tod Süleymans des Prächtigen geschwächten Türken wieder erholt und waren bestrebt, ihre strategische Stellung an der windischen Militärgrenze zu verbessern. Das Objekt der Begierde war die strategisch bedeutsame Festung Sissek an der Save.

1590 war Erzherzog Karl von Innerösterreich gestorben. Die steirischen Stände weigerten sich mehrfach, Erzherzog Ernst als Statthalter die Erbhuldigung auszusprechen. Und auch neuen Steuerbeschlüssen stellte sich der Landtag entgegen - ohne eine erneute Zusicherung der religiösen Freiheit verlegten sich die Stände auf einen Boykott. Dabei hatten die Stände eine desolate Lage an der Militärgrenze mitzuverantworten, an der Mißwirtschaft und persönliche Bereicherung inzwischen ernsthaft die Verteidigungsfähigkeit gefährdeten. Als der Pascha Hasan schließlich 1592 ein steirisches Aufgebot bei Sissek vernichtend schlug, wurde der Ernst der Lage den Verantwortlichen bewußt. Die Stände gaben den Boykott auf und huldigten Ernst als Statthalter des minderjährigen Ferdinand

Radschloßgewehr	Länge	103,5 cm
1. Viertel 17. Jh.	Gewicht	1,77 kg
	Kaliber	13,4 mm

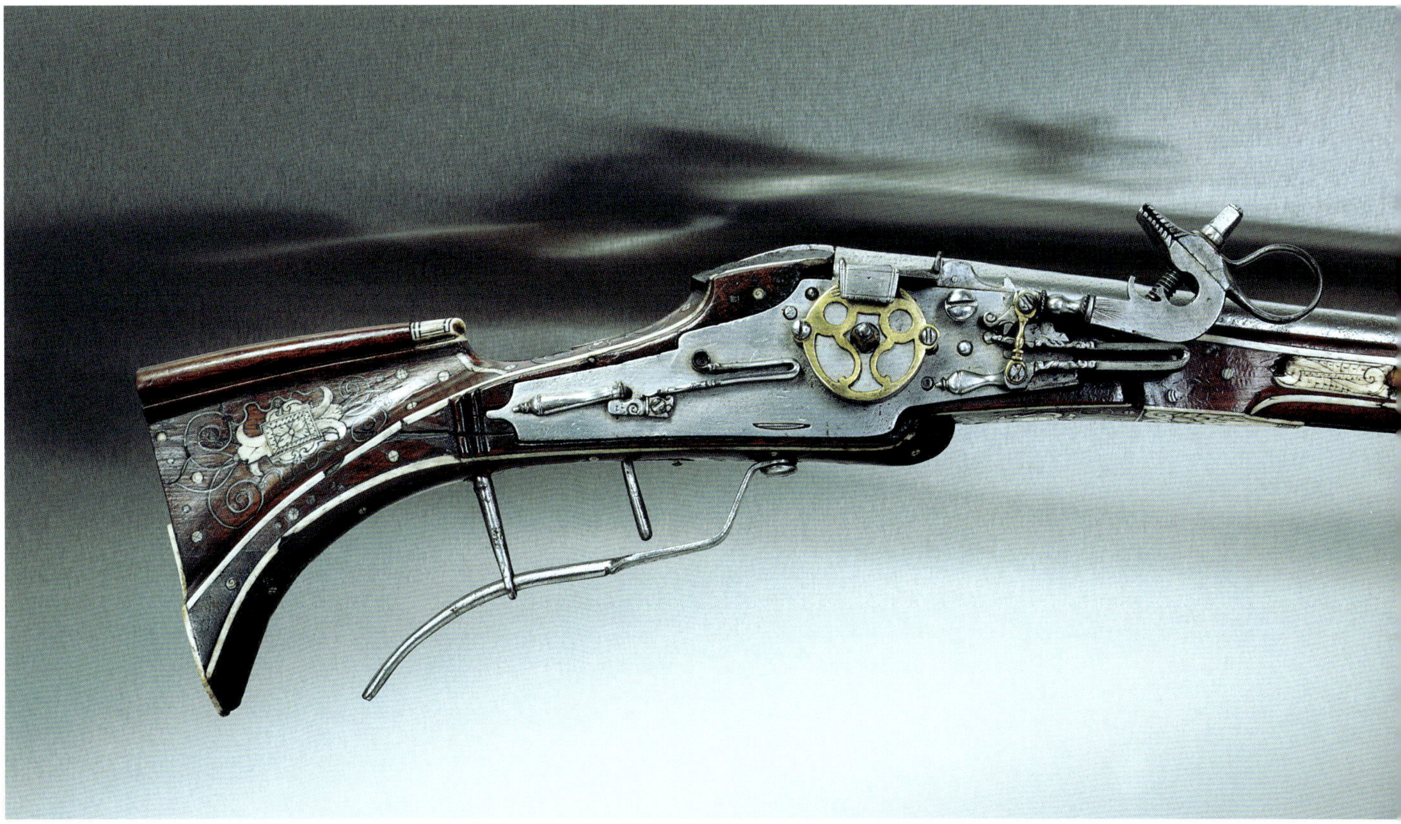

- und erhielten dennoch keine neue Zusage die Religionsfreiheit betreffend; die Machtverhältnisse begannen verschoben zu werden.

Der „Lange Türkenkrieg“

1593 marschierte Pascha Hasan mit einem großen Heer erneut auf Sissek. Diesmal aber wurde er unter Führung von Ruprecht von Eggenberg (was der Familie Eggenberg eine wichtige Grundlage in ihrem weiteren kometengleichen Aufstieg während des 30jährigen Krieges bescherte) vernichtend geschlagen. Der Pascha selbst fiel - und daraufhin erklärten die Osmanen dem Reich offiziell den Krieg. Es folgte ein 13 Jahre währendes Gemetzel, in dessen Verlauf Festungen erobert wurden und wieder verlorengingen, die Türken sich mit den Venezianern gegen den Kaiser verbündeten, der Kaiser sich mit den Persern gegen die Türken verbündete, entscheidende Siege aber nicht errungen wurden - von keiner Seite.

Als Erzherzog Ferdinand, der spätere Kaiser Ferdinand II., 1597 sein Erbe als neuer Landesfürst in Graz offiziell antrat, hatten es die Stände zum ersten Mal mit einem Fürsten neuen absolutistischen Typs zu tun, der sich als unnachgiebig in allen Glaubens-, also Machtfragen erwies. Schon 1596 hatte er die Militärgrenze besichtigt - die zu einem nicht unbeträchtlichen Teil ja auch über Reichshilfen vom Kaiser sowie aus der landesfürstlichen Kasse mitfinanziert wurde -, sich von den desolaten Zuständen überzeugt und die Kontrolle über weitere Maßnahmen weitgehend an sich gebracht. Die Festung Karlstadt habe einem „auffgeworffenen Erdhauffen“ geglichen, berichtet der Erzherzog an Kaiser Rudolf.

Radschloßgewehr		Länge	103,5 cm
Detail		Gewicht	1,77 kg
1. Viertel 17. Jh.		Kaliber	13,4 mm

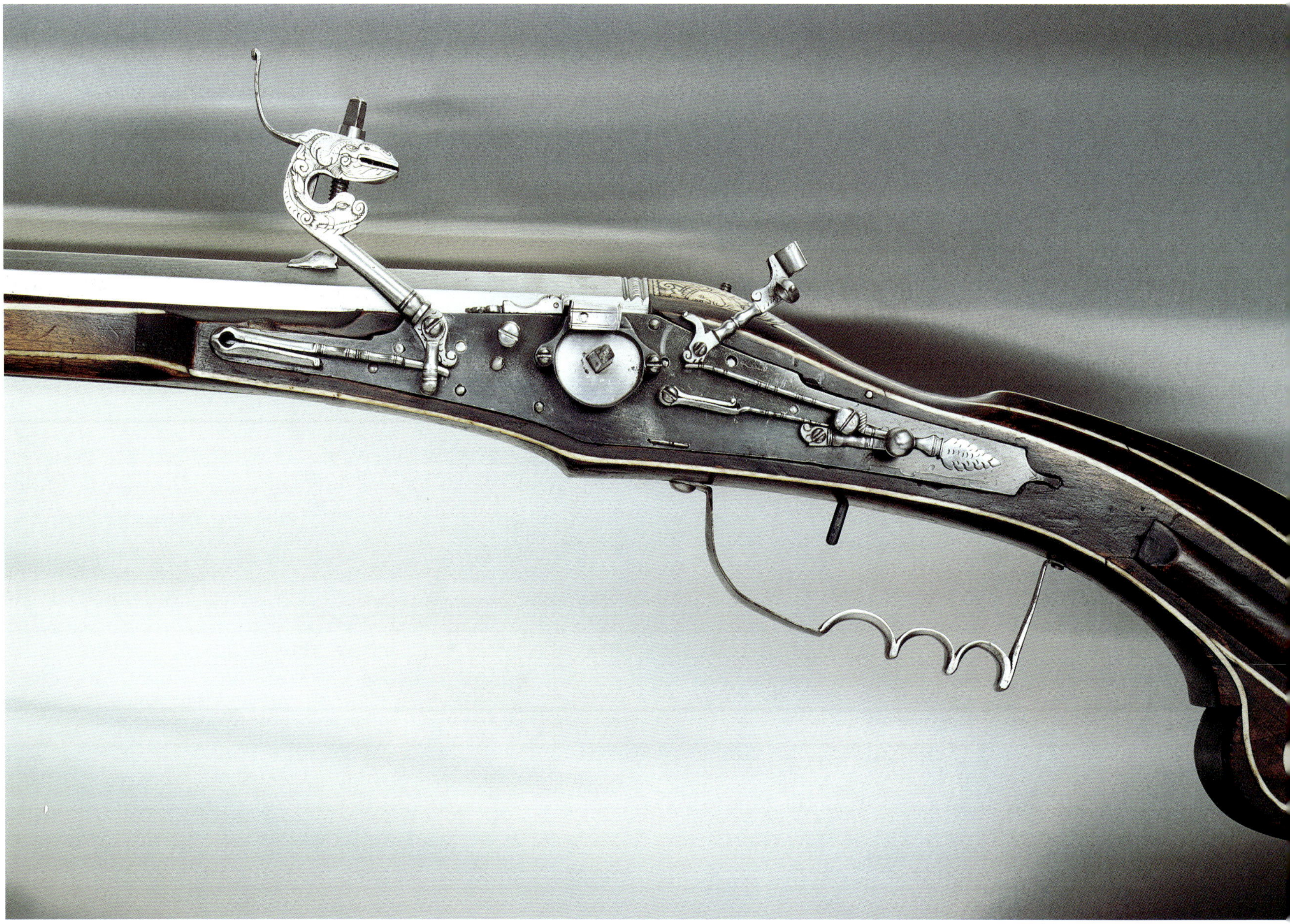

Radschloßgewehr	Länge	138,4 cm
Augsburg um 1600	Gewicht	5,95 kg
	Kaliber	17.3 mm

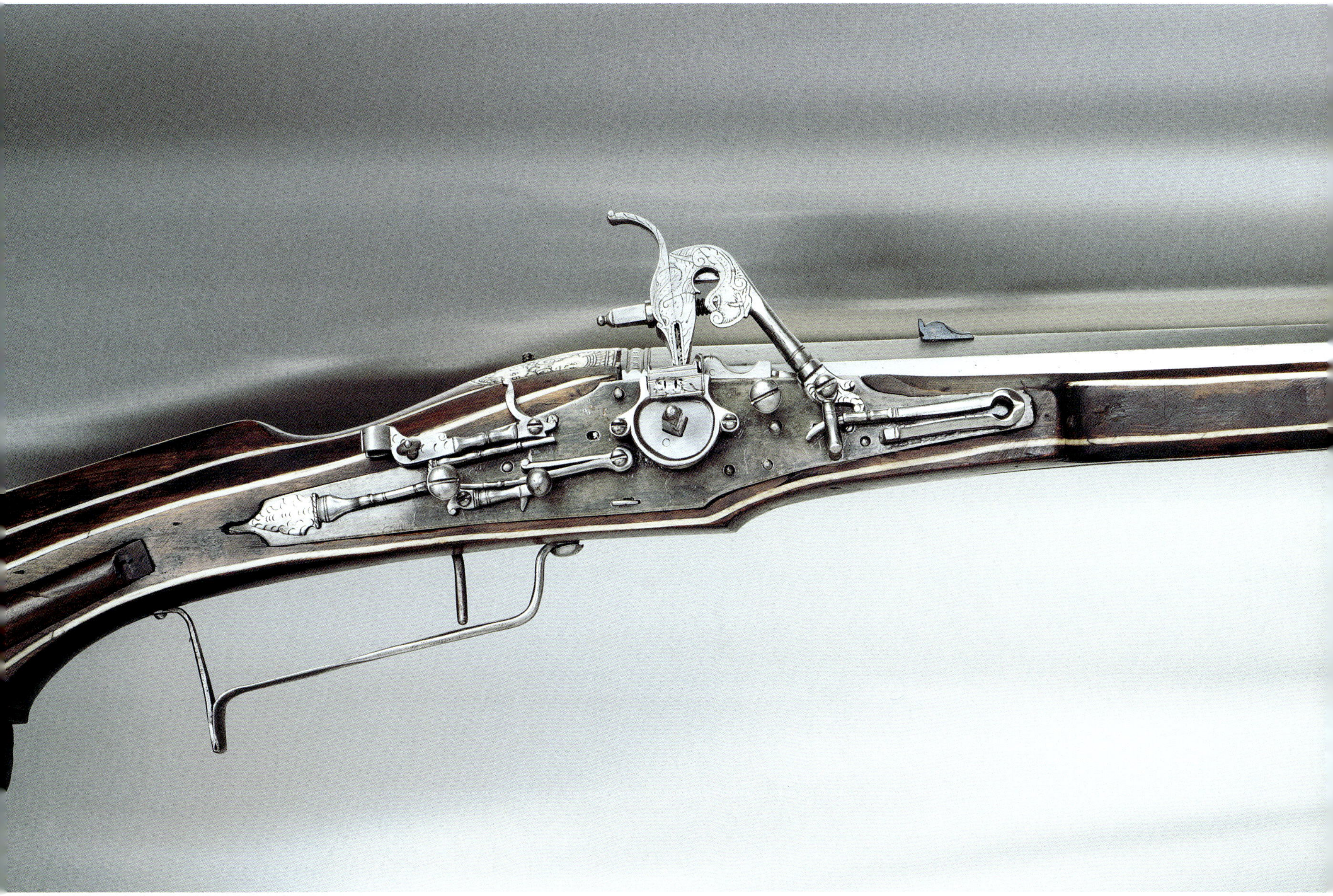

Radschloßgewehr	Länge	141 cm
Augsburg um 1600	Gewicht	5,78 kg
	Kaliber	17,3 mm

Seilwinde

mit zusammenklappbaren Bügeln

„Der allmechtig Gott sey der allain, welcher bisher ein solche offne, blosse und zerrissene Gränizen genedigclich erhalten hab", lautete das vernichtende Urteil.

Bei den Erbhuldigungsverhandlungen mit den Ständen ließ Ferdinand, seit seiner Jugend unter dem prägenden Einfluß von Jesuiten stehend (und „von Natur aus schwach und etwas blöd", wie sein Onkel, Erzherzog Ferdinand von Tirol meinte), sich zu keinerlei Zugeständnissen mehr bewegen. 1598 ließ er alle evangelischen Prediger aus den landesfürstlichen Städten und Märkten ausweisen. Die Stände verweigerten daraufhin die neue Steuerbewilligung, das Machtmittel erwies sich jedoch als relativ stumpf, denn die Herren waren sich uneinig. Noch aber konnten sie nicht damit rechnen, daß sie bald unter dem Einsatz brutaler Gewalt aus dem Lande gejagt werden würden (oder zum Konvertieren gezwungen).

In dieser Situation hatten die kaiserlichen Truppen einen sowohl propagandistisch als auch machtpolitisch sehr gut nutzbaren Triumph über die Osmanen erzielt. Die Festung Raab, die 1594 in türkische Hand gefallen war, konnte zurückerobert werden, die Beute war beträchtlich. Diesen Siegeszug vor Augen, setzte Erzherzog Ferdinand die Gegenreformation nun bedingungslos um. Die Bürger hatten zu konvertieren oder - unter Aufgabe des Besitzes - das Land zu verlassen; die Unfreien hatten gar keine Wahl. Und nach und nach verloren die protestantischen Adeligen an Einfluß (mit dem Beginn des 30jährigen Krieges war die Entwicklung dann abgeschlossen). Eine Konvertierungswelle setze ein, und in einer ungeheuren Rochade verloren viele alte Familien ihren Besitz, während junge Familien, rasch geadelt und erhoben, deren Platz und Funktionen einnahmen. Eine wahre Revolution von oben, der Familien wie die Eggenberger oder die Attems ihren Aufstieg verdanken.

Trotz des Sieges von Raab war der Krieg noch lange nicht entschieden. So fiel die Festung Kanisza, nur 50 Kilometer von der steirischen Grenze entfernt, in die Gewalt der Türken. (Der Festungskommandant, Georg Paradeiser, soll sie aus Rache für die gegenreformatorischen Maßnahmen Ferdinands den Türken in die Hände gespielt haben, behauptete ein Gerücht. Paradeiser wurde hingerichtet.) Die Rückeroberung der Festung durch ein Aufgebot von 27.000 Mann scheiterte im einbrechenden Winter.

Seilwinde

mit zusammenklappbaren Bügeln

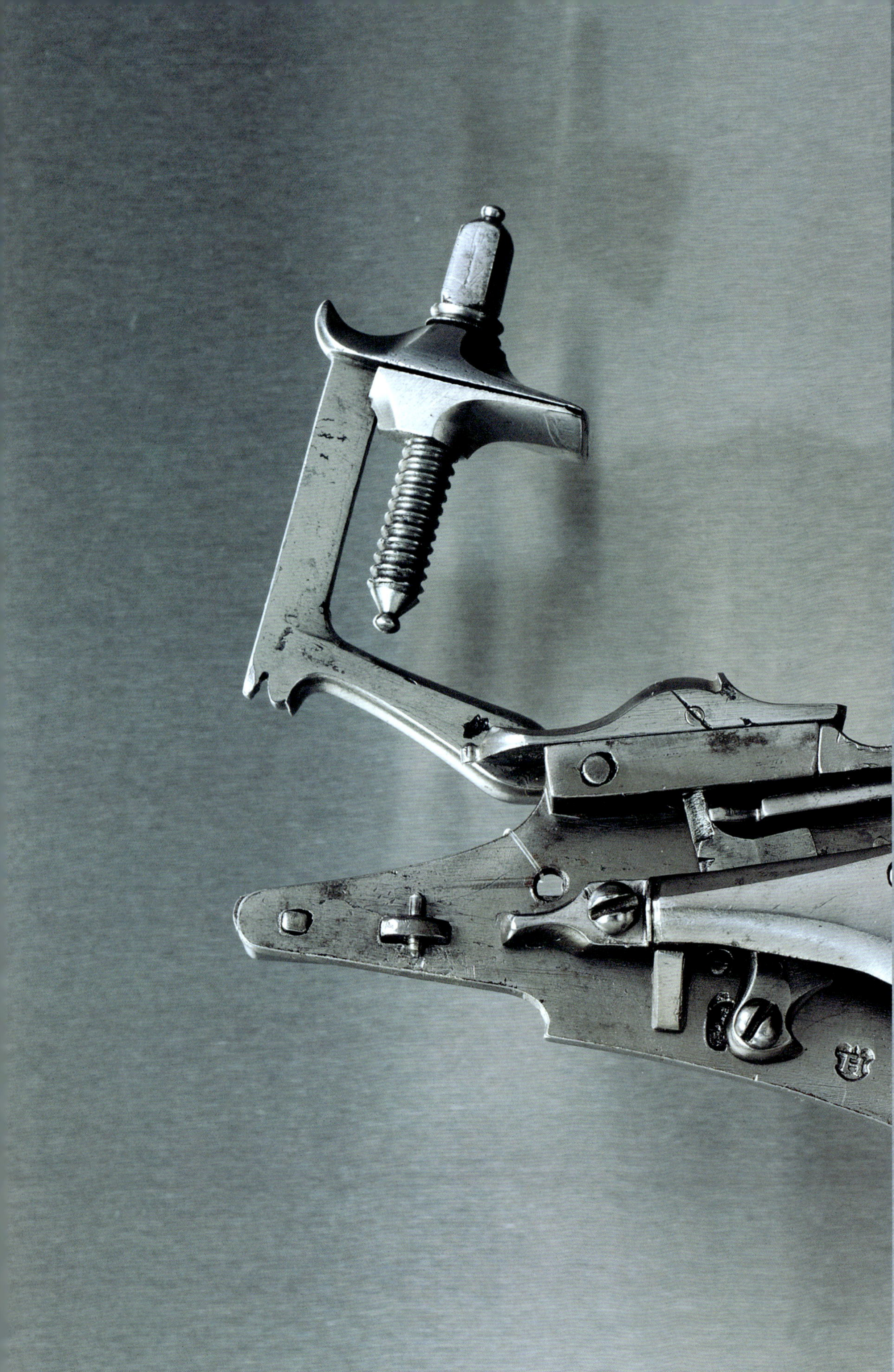

Radschloß

1. Hälfte 17. Jh.
Ferlach

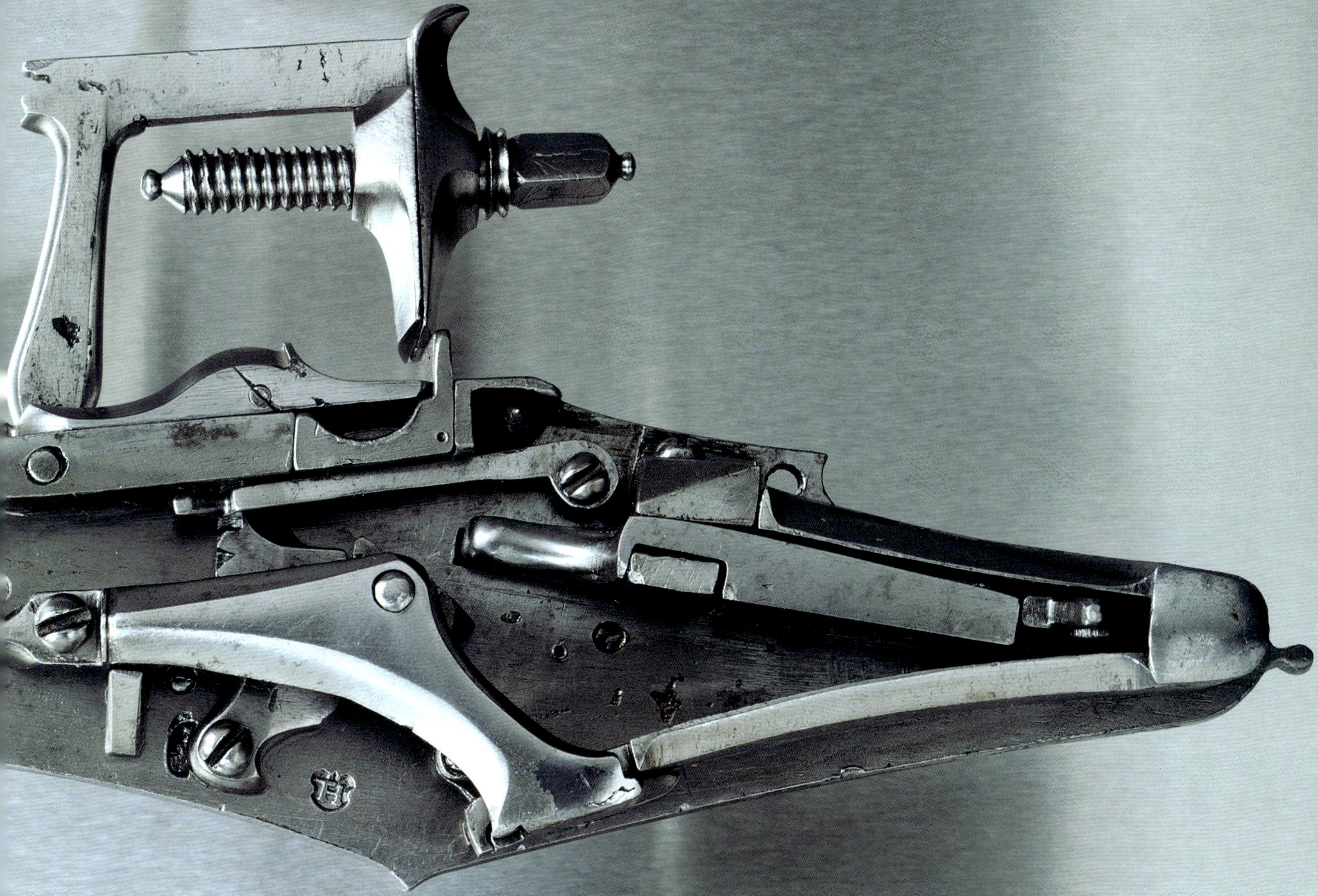

Ungarische Unruhen

Während an der Frontlinie eine Verwüstung die andere ablöste, hatte Kaiser Rudolf in Prag - so schien es zumindest im Anfang - eine Reihe diplomatischer Erfolge zu verzeichnen. Siebenbürgen, seit der Dreiteilung Ungarns unter türkischem Primat, geriet wieder unter den Einfluß des Kaisers, nachdem sich Fürst Sigmund Báthory diesem unterstellt hatte. Doch die Siebenbürger Stände ließen sich nicht entmachten und wählten den Magnaten Stephan Bocskay zum neuen Anführer, nachdem Kaiser Rudolf nicht nur konkrete Abhängigkeiten, sondern auch gegenreformatorische Maßnahmen mit Gewalt hatte durchsetzen wollen. Báthory entschloß sich, seinen Einfluß über Siebenbürgen hinaus auszudehnen und griff von den Türken unterstützt mit einem Heer von „Haiducken" - ungarischen Söldnern - und Tartaren in den Krieg ein. Die Haiducken konnten unter anderem Fürstenfeld erobern und plündern; das Jahr 1605 war gezeichnet durch immer wiederkehrende Verwüstungen und Überfälle. Eine Untersuchungskommission listete für dieses Jahr in der Oststeiermark 3513 ermordete oder verschleppte Menschen, 1551 verbrannte Häuser und Tausende Stück weggetriebenes Vieh auf.

Schließlich war der kaiserliche Feldherr Tilly erfolgreich und konnte die Aufständischen zum Frieden zwingen. Bocskay verzichtete auf die ungarische Krone, dafür wurden den Ständen politische Vollmachten und Religionsfreiheit gewährt. Kaiser Rudolf weigerte sich, dem Vertrag zuzustimmen, der von seinem Bruder Matthias ausgehandelt worden war. Für letzteren der Anlaß, das Zerwürfnis mit dem Kaiser offen zu betreiben. In dieser Situation versichert sich Rudolf der Loyalität der Böhmen, indem er ihnen vertraglich weitreichende Zugeständnisse macht. Und die Türken, bedroht durch erfolgreiche Angriffe der Perser, müssen 1606 dem Frieden von Zsitva Torok zustimmen, der ihnen zwar die Festung Kanisza zusprach, aber das Privileg nahm, sich dem Kaiser gegenüber als Herren zu fühlen, wie es seit dem Tributanerkenntnis Kaiser Ferdinands I. gewesen war. Jährlich hatte der Kaiser dem Sultan ein „Ehrengeschenk" zu zahlen und sich damit in eine konkrete, vielmehr aber noch symbolische

Abhängigkeit begeben. Nun mußte der Sultan die Gleichstellung des Kaisers anerkennen. Eine Niederlage vor allem auf der Symbolebene von nicht zu unterschätzender Bedeutung, welche die Position des Kaisers stärkte.

Eine Stärkung allerdings, von der Rudolf II. keinen weiteren politischen Gebrauch machte. Sich im Hradschin durch die philosophisch begründete universelle Herrschaftsutopie immer weiter isolierend, an magisch-alchemischen wie wissenschaftlichen Experimenten arbeitend, verlor er immer mehr realpolitische Zugriffsmöglichkeiten und wirkliche Gestaltungsmacht. Melancholisch und verstört, gleichzeitig hochmütig und entscheidungsschwach, lavierte er sich in eine Situation, in der Matthias auf Prag marschierte, sich zum König von Böhmen krönen ließ und seinen Bruder de facto absetzte. Die nach Rudolfs Tod ein Jahr später (1612) endgültig aufbrechenden Gegensätze zwischen protestantischen Ständen in Böhmen und der Habsburger Gegenreformation führten nach dem Tod Matthias' 1619 zur Wahl Friedrichs von der Pfalz zum König von Böhmen und damit direkt in den 30jährigen Krieg.

Zur Geschichte der Entwicklung der Schußwaffen siehe
Peter Krenn (Hrsg.), Von alten Handfeuerwaffen; Graz 1989.
Zum Hof Rudolfs II. in Prag siehe Prag um 1600 (Katalog), Essen 1988.
Zu Giordano Bruno siehe Frances Yates, Giordano Bruno and the Hermetic Tradition; London 1964.
Die Zitate von Michel Foucault sind entnommen aus:
Michel Foucault, Vom Licht des Krieges zur Geburt der Geschichte; Berlin 1986.
Zur Steuerfrage, zum Rüstungsboom und der Militärgrenze siehe
Franz Pichler, Die steuerliche Belastung der Landbevölkerung durch die Landesdefension;
Peter Krenn, Der Rüstungsboom in der Steiermark von 1576 bis 1590;
Karl Kaser, Die österreichische Militärgrenze in Kroatien;
alle BuB 86.
Die Informationen über die Gegenreformation in der Steiermark beruhen auf:
Reiner Puschnig, Ein neuer Adel am Hof und in Innerösterreich;
Karl Kaser, Steirer als Heerführer und Grenzverteidiger;
beide BuB 86.
Das Zitat zur Salzkrise und den Grenzmißständen aus
Helfried Valentinitsch, Türkennot und Kriegsgewinn; BuB 86.
Die Details über den Verlauf des „Langen Türkenkrieges" sind entnommen aus
Günter Cerwinka, Der „Lange Türkenkrieg" und die Haiduckeneinfälle; BuB 86.

Gewonnener Krieg

Mai 1998

Übrig geblieben.
Hüllen, Reste, Kriegsfossilien.
In Form gebracht, gepflegt, bewahrt.
Auf Reisen geschickt,
USA, Kanada, Australien,
und immer mehr mitgegeben als bloß Dekor.
Wäre der Text anders geworden,
hätte man ihn hier geschrieben ...
sich nachts einschließen lassen,
allein zwischen Waffen ...
Vor genau einem Jahr,
für eine Nacht,
als auf dem Landhaushof ein Feuerwerk abgebrannt wurde,
standen hier vier Sänger,
mit Opernkostümen als Landsknecht und Türken verkleidet.
Das Konzert war zu Ende,
aber sie gingen noch, die Opernwesen,
gemeinsam durch das Haus.

Stahltheater ...

Hellebarden/
Spanische Reiter

Krieg der Rassen

Die alte, aus der römischen Antike abgeleitete Geschichte als Geschichte von Herrschergenealogien, als Entwicklung der Souveränität von einzelnen, ist mit dem Tod Kaiser Rudolfs II. fast abgeschlossen. Rudolf, der für sich noch einmal das Primat eines Weltenherrschers mit göttlicher Legitimation erträumt hatte, weit über allen tagespolitischen Auseinandersetzungen stehend, auf magischen, universumsharmonischen Grundlagen errichtet und befestigt durch universelles Wissen, handelt nicht zeitgemäß. Er übersieht die Widerstände, mißinterpretiert die Reaktionen der anderen und kann sich nicht durchsetzen. An die Stelle seiner genealogisch-alchemisch begründeten Omnipotenzphantasien tritt eine Geschichtsphilosophie der Siege, Niederlagen und der Gewalt.

Michel Foucault nennt diese Auffassung „biblisch" im Gegensatz zu „römisch". Zwar bezieht sich der französische Sozialhistoriker nicht auf österreichische Beispiele, doch hätte er das Deckenbildprogramm des Schlosses Eggenberg gekannt, das Ende des 17. Jahrhunderts im Auftrag der Familie der großen steirischen Kriegsprofiteure nach populären Geschichtswerken der Zeit entworfen wird, hätte er kaum ein besseres Exempel für den Paradigmenwechsel finden können. In ihrer Mischung aus biblischer und römischer Historie ist diese Bildwelt von Krieg, Vernichtung und neuem Moralpostulat die treffliche Illustration eines neuen Denkens. „Was auf der einen Seite Recht ist, was sich auf der Seite der Macht als Gesetz und Verpflichtung darstellt, das wird von der neuen Redeweise als Mißbrauch, als Gewaltsamkeit, als Erpressung aufgezeigt - sobald man sich auf die andere Seite begibt ... Man sieht nun das Gesetz in seiner doppelgesichtigen Realität; Triumph der einen, Unterwerfung des anderen ... Nicht nur zersetzt diese Gegenhistorie die Einheit des verpflichtenden, souveränen Gesetzes, sondern sie bricht auch die Kontinuität der Glorie. Sie macht sichtbar, daß das blendende Licht der Macht den gesamten Gesellschaftskörper nicht verfestigt und versteinert und so in Ordnung festhält, sondern daß es ein teilendes Licht ist, das die eine Seite beleuchtet, aber einen anderen Teil des Gesellschaftskörpers im Schatten läßt oder in die Nacht stößt ... So eine Wortergreifung verbindet den Diskurs nicht mit der großen ununterbrochenen Rechtsprechung einer von alters her gegründeten Macht; sie ist eher so etwas wie eine prophetische Brechung. Deswegen nähert sich dieser neue Diskurs auch gewissen epischen oder mythischen oder religiösen Formen an, die, anstatt die makellose und lückenlose Glorie des Souveräns zu erzählen, das

Hellebarden

Zweihänder/
Rundschilde

Unglück der Vorfahren, die Verbannung und die Knechtschaft formulieren ... So zeichnet sich also mit diesem neuen Diskurs vom Krieg der Rassen etwas ab, was sich weit mehr der mythisch-religiösen Geschichte der Juden annähert als der politisch-legendären Geschichte der Römer", meint Foucault.

Die Geschichte des Krieges als eine Auseinandersetzung der Rassen (noch nicht in jenem Sinne des „Rassismus", wie er das spätere 19. Jahrhundert zu prägen beginnt, aber schon auf dem Wege dorthin) ist eine Erzählhaltung, die die westliche Einschätzung der Türkenkriege immer offensichtlicher bestimmt. All die inflationären Drucke, Flugblätter und Spottlieder über „den Türken" oder „den Ungarn" bedienen sich immer häufiger schlicht nationalen Zuordnungen. Osmanen sind nicht mehr die unbekannten „Anderen", die teuflisch oder mythisch definierten Geißeln einer verderbten Christenheit, sondern Menschen erkenntlicher „Rasse". Diesen Menschentypen werden Charaktere zugeordnet wie „Lüsternheit", „Grausamkeit" usw. die Kategorisierungen mit (Horror-)-Beispielen bestätigt.

In sogenannten „Türkenzeitungen" erschienen Nachrichten und Greuelbeschreibungen, oftmals in Liedform. So heißt es in einem 1592 in Graz erschienenen Blatt: „Newe Zeitung und warer Bericht: ... Von dem Erbfeinde dem Türcken, welcher an der ungerischen Gräntz von Krawaten mit dem armen volcke so erbärmlich umbgegangen hat, Weib und Kinder alles jämmerlich ermordet und umbgebracht ..." Die Neudefinition der Historie aus einer Geschichte der Niederlagen, des Mordens und der nationalen Auflehnung dagegen - in den Türkenkriegen fand sie einen gegebenen Anlaß.

Neue ungarische Konflikte

Die abwartende und oft autistische Politik Kaiser Rudolfs II. führte zur Ermächtigung Matthias' und dem bekannten „habsburgischen Bruderzwist"; nach Rudolfs Tod wurde Matthias zum Kaiser gekrönt. Die steirischen Stände verhielten sich neutral, waren vom eigenen Landesfürsten immer deutlich unter Druck gesetzt, hielten diesem aber weiterhin stand.

Blankwaffen/
Rundschilde

Über diese abwartende Haltung ist viel spekuliert worden - auch darüber, warum sich die protestantischen Stände nicht offen gegen Ferdinand auflehnten, der - 1619 zum Kaiser gewählt - mehrfach in arge Bedrängnis geriet und Schwächen zeigte. Massiver Widerstand hätte den Verlauf der Geschichte vielleicht geändert ... aber die Vermutungen sind müßig, zumal sich alle Beteiligten offensichtlich in einem Ausnahmezustand befanden, da die Entwicklungen selbst für hartgesottene Zyniker wahrhaft schrecklich scheinen mußten. So kam es zu Bücherverbrennungen, Morden, Vertreibungen, heuchelnden Konvertiten - insgesamt aber wohl nicht über dem Vergleichsmaßstab der an Grausamkeiten unübertroffenen Terrorjahre des 30jährigen Krieges.

Die bedrohlichste Entwicklung für die Steiermark ging während des Krieges nicht von den Hauptkampfhandlungen aus, von denen das Land weitgehend verschont blieb, sondern von einem Sonderkonflikt, der wiederum aus dem weiter revoltierenden Ungarn kam. Die Stände hatten um die Jahrhundertwende ihre Waffenlager weiter aufgestockt, der Rüstungsboom hielt unvermindert an, es wurde mit unsicheren Zeiten gerechnet. Das landständische Inventar von 1629 verzeichnet eine Waffen- und Rüstungsstückzahl von 85.000, die Lagerungsverhältnisse wurden bedenklich. Der Reiseschriftsteller Martin Zeiller berichtet 1632 aus Graz: „So haben auch die hochlöblichen Land-Stände in deren ansehnlich erbauten Landhauß in der Herrengasse gelegen, ein Zeughauß, welches mit groben Stücken, Rüstungen und Munition zimblich versehen; aber schad ist es, daß alles so eng beysamen seyn und übereinander ligen muß."
Die Ausrüstungsgegenstände lagen zwar übereinander, waren trotzdem aber auch oft im Einsatz, da in Fürst Bethlen Gabor von Siebenbürgen ein ehrgeiziger Mann neue ungarische Ermächtigungspläne hegte. Die Wirren in Böhmen nutzend, plante Bethlen, Ungarn zu einem neuen Reich unter seiner Führung zu einigen, und stellte ein angriffsstarkes Heer zusammen. Bethlen Gabor verbündete sich mit den protestantischen Böhmen und griff von Preßburg aus Wien an. In dieser Lage solidarisierten sich die mehrheitlich protestantischen steirischen Stände mit dem Kaiser (was ihnen schlecht gedankt wurde), erhoben ein Aufgebot gegen die Ungarn und sicherten die Landesgrenze - griffen aber nicht zum Entsatz von Wien ein. Die Lage des Kaisers entspannte sich nicht nur durch die „bewaffnete Neutralität" (Helfried Valentinitsch) der steirischen Stände, sondern auch durch einen Angriff der Kosaken auf Siebenbürgen, was Bethlen Gabor zum Rückzug veranlaßte. Nachdem sich die Lage dort beruhigt hatte und er zum ungarischen König gekrönt wurde, flammten die Kämpfe wieder

Hellebarden

auf. Bethlen Gabor hatte sich mit den Türken verbündet - die allerdings immer noch große Probleme mit den Feldzügen der Perser hatten, welche schließlich sogar Bagdad erobern konnten - und griff erneut an. Die Innerösterreichischen Stände reagierten mit dem Anwerben von Söldnern und neuen Aufgeboten, wobei es 1621 unter den steirischen Aufgebotsleuten allerdings zu einer Meuterei kam, weshalb diese entlassen werden mußten. Ein ständiger Wechsel zwischen gebrochenen Friedensverträgen und immer neuen Überfällen prägte den Krieg bis zum Tod Bethlen Gabors im Jahre 1629. Die Rüstungsmaschinerie aber lief auf Hochtouren. Ein neues Zeughaus für die Stände war deshalb dringend notwendig geworden.

Kriegskonjunktur

Während der 30jährige Krieg die Kräfte des Reiches lähmte, hatten die Osmanen kein Potential frei, sich an den Auseinandersetzungen um den Westen zu beteiligen. Polen, Venezianer und vor allem Perser griffen an mehreren Fronten an und verwickelten die Türken in bedrohliche Kriege, so daß es Kaiser Ferdinand II. nicht schwer fiel, immer neue Friedenszusagen vom türkischen Sultan zu erhalten. Innere Auseinandersetzungen im Osmanischen Reich führten zu einer weiteren Schwächung, Sultan Osman II. wurde von den eigenen Elitetruppen, den Janitscharen, ermordet. Die Militärgrenze blieb nach dem Tod Bethlen Gabors unbedroht,

Klingen

für Panzerstecher und Dusäggen

und die Söldnerbewegungen des großen Krieges zogen - bis auf das Jahr 1645, in dem schwedische Truppen ein steirisches Aufgebot aufgerieben hatten - an der Steiermark vorbei.
Nur durch diesen relativ sicheren Zustand (bei allem Wüten der Gegenreformation) ist die rege Bautätigkeit erklärlich, in deren Zuge auch die Errichtung des Grazer landständischen Zeughauses verwirklicht wurde. Allerdings ist schon zur Zeit seines Entstehens das Symbol des Selbstbewußtseins der Stände mehr ein Bild als die Konkretisierung tatsächlicher Macht. Der ständische Hochmut war durch die Gegenreformation gebrochen, der Landtag wurde immer mehr zum reinen Instrument der Steuerbewilligung, ganz und gar abhängig vom Landesfürsten, dem der zahlreich zu Amt und Würden gekommene neue Adel ja auch real verpflichtet war, abgesehen von den immens profitierenden Klöstern, die nach der Sicherung ihrer Verhältnisse exorbitante Gewinne erwirtschafteten.

Statt nach alter ständischer Ermächtigung strebten die alten/neuen Herren nach wirklicher Profitvermehrung. Das Lehens-Verantwortungsverhältnis wurde - damit schließt die in den vorigen Kapiteln immer wieder aufgezeigte Entwicklung der vergangenen 150 Jahre ab - ein reines Unterwerfungsverhältnis. So wie der Adel sich dem Landesfürsten beugte, so unterwarf er sich die Untertanen. Der Robotzwang wurde zur wahren Zwangsarbeit, die immer mehr nur noch zum alleinigen Nutzen der Grundbesitzenden befohlen wurde, was eine Massenverelendung der Bauern verschuldete.

Die Lage der Bevölkerung verschlechterte sich stetig. Zwar blieben die gefährdeten Gebiete der Steiermark im Krieg weitgehend von Übergriffen verschont, doch die wirtschaftliche Situation war zum Teil katastrophal. Alte Handelswege und ökonomische Beziehungen zerbrachen in der Wirrnis des Krieges, eine Inflation gefährdete die Geldwirtschaft (1623 mußte der Staatsbankrott erklärt werden), und nur einige Unternehmen machten Kriegsprofite. So der Pettauer Viehhändler Matthias Gualandro und der Wildoner Getreide- und Viehhändler Hans Edelmann, die Reichtümer erwirtschafteten, während andere Betriebe in den Konkurs steuerten.

Mit der Inflation verbunden war eine Teuerung der Lebensmittel, schließlich eine Lebensmittelknappheit und Hungersnöte. Mit dem Ansteigen der Preise wuchs auch die Steuerlast beständig - die der Landtag inzwischen ohne jeden Widerspruch bewilligte. 1632 wurde eine „Leibsteuer" eingeführt, also eine Personensteuer, die von jedem Einwohner des Landes zu entrichten war. 1635 folgte eine Steuer auf das Kapital und auf die Kapitalszinsen, schließlich 1640 der „Rauchfanganschlag", mit der jede Feuerstelle zusätzlich versteuert werden mußte. 1642 beschloß der Landtag eine Vermögenssteuer für alle Personen, deren Besitz noch durch keine der bisherigen Abgaben belangt werden konnte, und 1645 folgte eine Revision der Vermögenssteuer sowie Zwangsdarlehen, mit denen auch die Landesbeamten weiter abgabepflichtig gemacht wurden.

Außer der unablässig angezogenen Steuerschraube, der Robotverpflichtung und der Teuerung kam auch eine weitere unmittelbare Existenz-

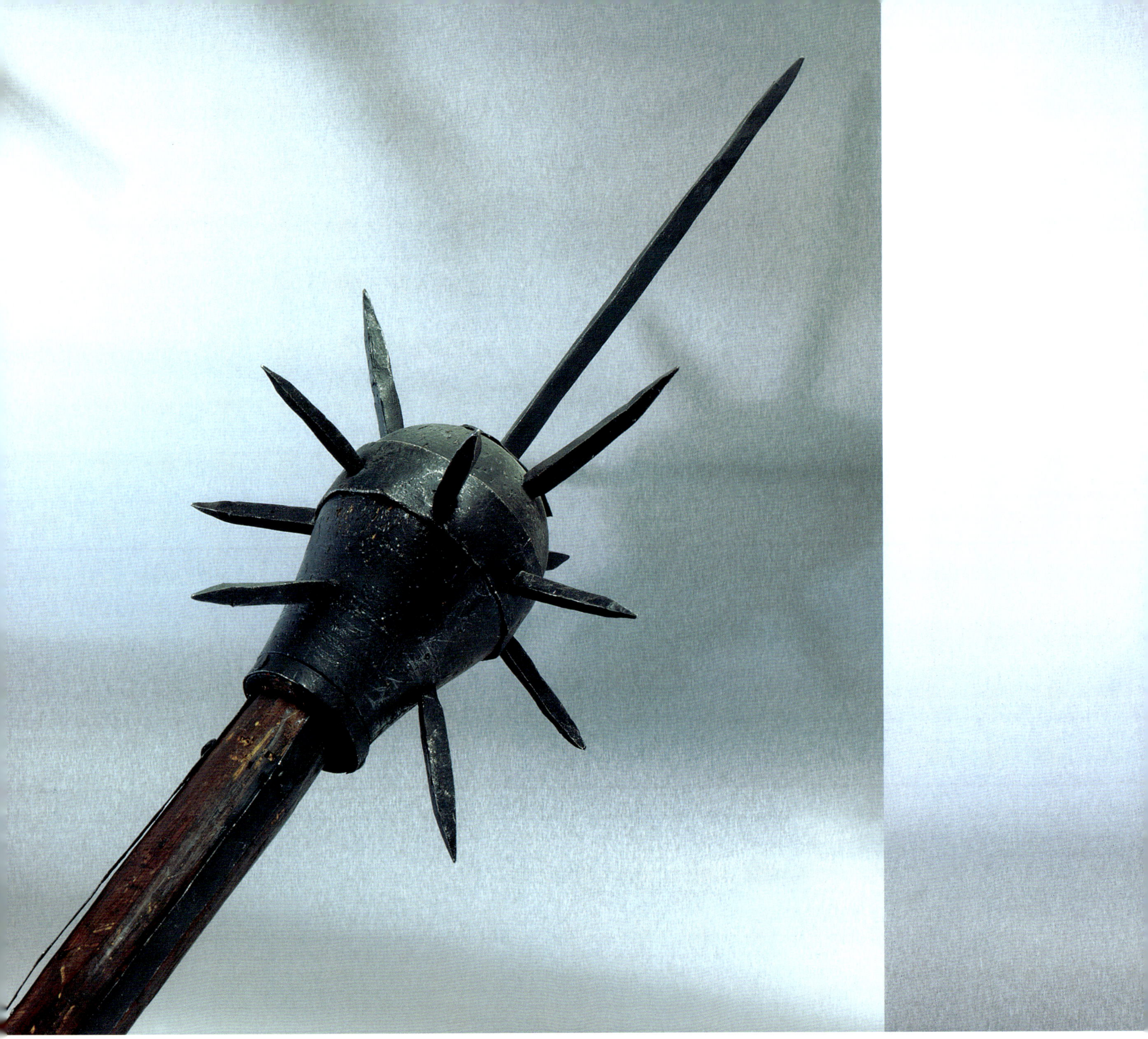

Morgenstern Egid Rotter Graz 1685	Länge	236,4 cm

Kriegsgabel
17. Jh.

Länge 214,2 cm

bedrohung der bäuerlichen Bevölkerung nicht von außen, sondern von innen: die Steiermark war Sammlungs- und Auffanggebiet von kaiserlichen Söldnern, die in Städten und Dörfern einquartiert waren und dort zeitweilig ein Terrorregiment errichteten. Morde, Plünderungen und Vergewaltigungen hatten zwar nicht solche Ausmaße wie in den direkten Kriegsgebieten des Reiches, kamen aber dennoch nicht selten vor. Konsequenz dieser schwierigen Lage, insbesondere für die Bauern, waren zunächst einzelne Übergriffe von bewaffneten Bauern auf Soldaten, schließlich aber an der Militärgrenze ein organisierter Bauernaufstand im Jahre 1635. Dieser wurde zwar brutal niedergeschlagen, aber die Unzufriedenheit und die schiere Not ließen immer wieder Auflehnung und Widerspruch aufflammen.

Höhepunkt der Türkenkriege und Sieg

So wie in Mitteleuropa nach dem großen Krieg die Machtbalancen verändert waren und aus dem Chaos ein System von Herrschaftsabsolutismen wuchs, gab es auch im Osmanischen Reich eine Veränderung der Einflußverhältnisse und dadurch ein Erstarken der angeschlagenen Großmacht. Neben den Sultanen etablierten sich die Großwesire der Familie Köprülü als wichtige Garanten für die Stabilität des Staates - mit eigenem militärischen Ehrgeiz. Die finale große Auseinandersetzung zwischen Osmanen und Kaiserreich entzündete sich noch einmal an Ungarn.

Seit 1657 regierte Leopold I. als Kaiser in Wien. Er erneuerte die Ansprüche der Habsburgermonarchie auf Siebenbürgen, was den Osmanen als Anlaß galt, Truppen zusammenzuziehen. Überraschend griff der Großwesir Achmed Köprülü 1663 mit einer Armee von rund 100.000 Mann die Festung Neuhäusel an und nahm sie ein. Damit war die letzte große Bastion auf dem Weg nach Wien gefallen - die Lage des Kaisers bedrohlich. Während sich das türkische Heer in einem Winterquartier befestigte, unternahm der Kaiser eilige Verhandlungen, um eine Verteidigungsarmee aufzustellen. Schließlich konnte unter Generalfeldmarschall Raimund Graf Montecuccoli eine Koalitionsarmee aus kaiserlichen, französischen, italienischen, spanischen, schwedischen und Reichstruppen zusammengezogen werden (bei deren Anmarsch die üblichen Plünderungen und Verwüstungen auf eigenem, reichsfürstlichem Gebiet zu erdulden waren).
In der Steiermark rüstete man erneut für den Ernstfall auf, füllte die Proviantspeicher, stellte eigene Truppen zusammen - und erlaubte sich eine

Kriegsflegel
17. Jh.

Länge 238 cm

taktisch fatale Fehlentscheidung: Gegen den Willen von Montecuccoli griff das steirische Aufgebot 1664 die Festung Kanisza an, die von den Türken gehalten wurde und für die Steiermark eine unmittelbare Gefahr darstellte. Anstatt die Festung jedoch einnehmen zu können, trieb der Angriff die zentrale osmanische Heeresmacht nach Kanisza. Die Belagerung wurde unter schwersten Verlusten abgebrochen, und der taktische Plan Montecuccolis war hinfällig. Dennoch gelang dem hervorragenden Strategen der entscheidende Schlag gegen das osmanische Heer. Bei Mogersdorf siegten die Kaiserlichen. Schnell wurde ein Friedensvertrag mit dem Sultan geschlossen.

Realistisch, wenn man die wieder verheerenden Folgen des Gemetzels für beide Seiten betrachtet, jedoch als „Schandfriede von Eisenburg" geschmäht, da sich die Hoffnungen nach dem ersten großen Sieg gegen die Türken auf ein endgültiges Niederringen richteten.

Davor sollte es jedoch noch eine weitere existentielle Krise geben. 1683 griff der von Weltmachtträumen beseelte Großwesir Kara Mustafa mit

Kriegssense 17. Jh.	Länge	226 cm

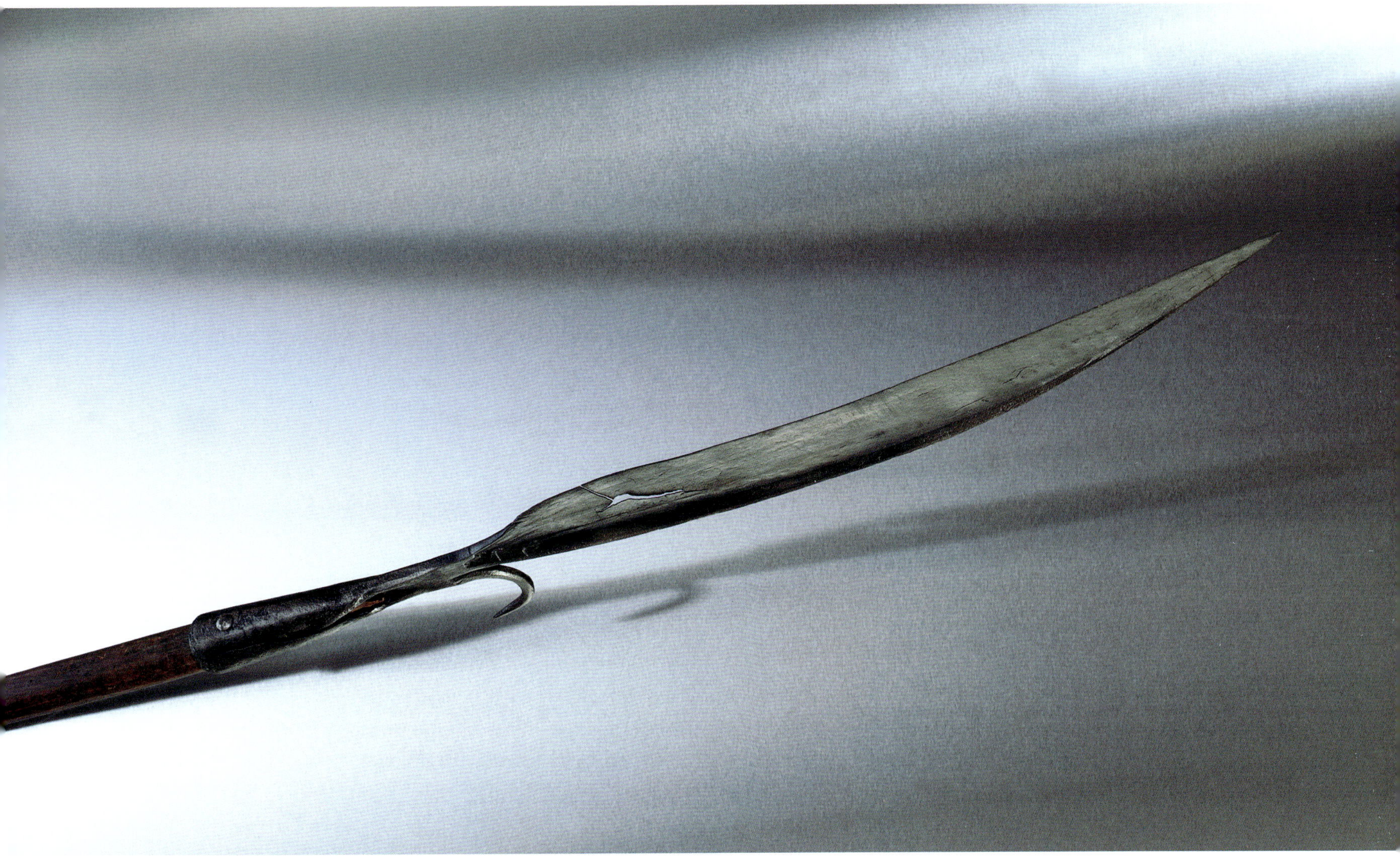

einem Heer von über 200.000 Mann noch einmal die Grenzbefestigungen an, überrannte sie und stieß bis nach Wien vor, Panik und Entsetzen verbreitend.

Rettung für die Stadt brachte die von Papst Innozenz XI. diplomatisch betriebene Idee des „Heiligen Kreuzzugs" gegen die Türkenbedrohung mit so gegensätzlichen Kräften wie dem polnischen König Jan Sobieski, dem venezianischen Dogen und dem Kaiser in einer Allianz. Das Entsatzheer unter dem polnischen König und Karl von Lothringen siegt in der Schlacht um Wien, die Türken fliehen - Sultan Mohammed IV. läßt den glücklosen Kara Mustafa erdrosseln -, und die Gegenoffensive dringt weit nach Ungarn vor.

Unter Heerführung des Prinzen Eugen von Savoyen sichern weitere Angriffe die Position des Kaisers und bringen 1699 Ungarn und Siebenbürgen zurück unter die habsburgische Gewalt. Das Osmanische Weltreich kann nach diesen Niederlagen nicht noch einmal bedrohlich werden. Die direkte Türkengefahr war ausgestanden.

Roßschinder
17. Jh.

Länge 230,6 cm

Im Jahr der Rückeroberung Ungarns, 1699, wurde im Grazer Zeughaus ein neues Inventar angelegt, es verzeichnet die größte Menge an Waffen und Material, die dort je lagerten: insgesamt 185 700 Stück. Mit dem Höchststand ist gleichzeitig auch der Weg in die Veralterung markiert. Die Militärgrenze war nutzlos geworden - die weiteren Zwischenfälle in der Region während der kommenden 50 Jahre waren im Vergleich zu den Türkenkriegen von wenig Belang - eigene Aufgebote auszurüsten war mit der Zentralisierung der militärischen Gewalt in Wien immer weniger notwendig. Noch einmal, während eines weiteren ungarischen Aufstandes zwischen 1703 und 1711 (den sogenannten Kuruzzenkriegen) kam es zu Plünderungen und Verwüstungen in der Steiermark, danach war Friede. Die Situation der bäuerlichen Bevölkerung aber besserte sich nicht. Verschont von feindlichen Übergriffen, nicht verschont von den Zugriffen der Grundbesitzenden, dauerte die Zeit der Rechtlosigkeit an.

Disziplin

Zu Anfang des 17. Jahrhunderts hatte Montgommery in seiner „Kriegskunst" gefordert: „Weiter muß man die Soldaten gewöhnen im marchiren, wie gesagt ist, in solchen Reihen, sowohl als wenn man zu Land zieht oder in Bataillon, daß sie marchiren nach dem Schlag der Trommeln. Und damit sie es desto besser tun, soll man anfangen mit dem linken Fuß und aufhören mit dem rechten, damit die ganze Truppe zugleich einen

Roßschinder Länge 226 cm
17. Jh.

Fuß anhebe und zu gleicher Zeit zusammen niederstelle." Gut einhundert Jahre später, im Jahre 1766, hören sich die Anweisungen zum Marschieren wie folgt an: „Die Länge des kleinen Schrittes beträgt einen Fuß, die des gewöhnlichen Schrittes, des doppelten Schrittes und des Straßenschrittes zwei Fuß, gemessen jeweils von Ferse zu Ferse. Was die Dauer anlangt, so hat man für den kleinen Schritt und für den gewöhnlichen Schritt eine Sekunde, für den doppelten Schritt eine halbe Sekunde, für den Straßenschritt etwas mehr als eine Sekunde. Den Schrägschritt macht man ebenfalls in einer Sekunde; er beträgt höchstens 18 Zoll. Den gewöhnlichen Schritt macht man nach vorn, mit erhobenem Kopf und aufrechtem Körper, indem man sich abwechselnd jeweils auf einem Bein im Gleichgewicht hält und das andere nach vorn hebt; die Kniekehle ist gestrafft, die Fußspitze etwas nach außen gewendet und gesenkt, um den Boden, auf dem man marschiert, leicht zu streifen und den Fuß so auf die Erde zu setzen, daß alle seine Teile gleichzeitig aufsetzen, ohne an die Erde zu stoßen."

Zeitstrukturen, Körperstrukturen, Gesellschaftsstrukturen - alle sind inzwischen durch eine Mechanisierung geprägt, deren Funktionieren einer Zurichtung der Körper geschuldet ist. Die Disziplin ist eine Unterwerfung der Körper, aber sie ist auch eine Zurichtung des Denkens. Die Mechanik, die Struktur setzt die Maßstäbe, an die der Mensch angepaßt wird. Und die Sprache des Militärs kann als pars pro toto für das gesellschaftliche Ideal genommen werden. So wie der Soldat spätestens seit der Mitte des 18. Jahrhunderts genormt wird, so sind die grundlegenden gesellschaft-

Kettenhemd Anfang 16. Jh.

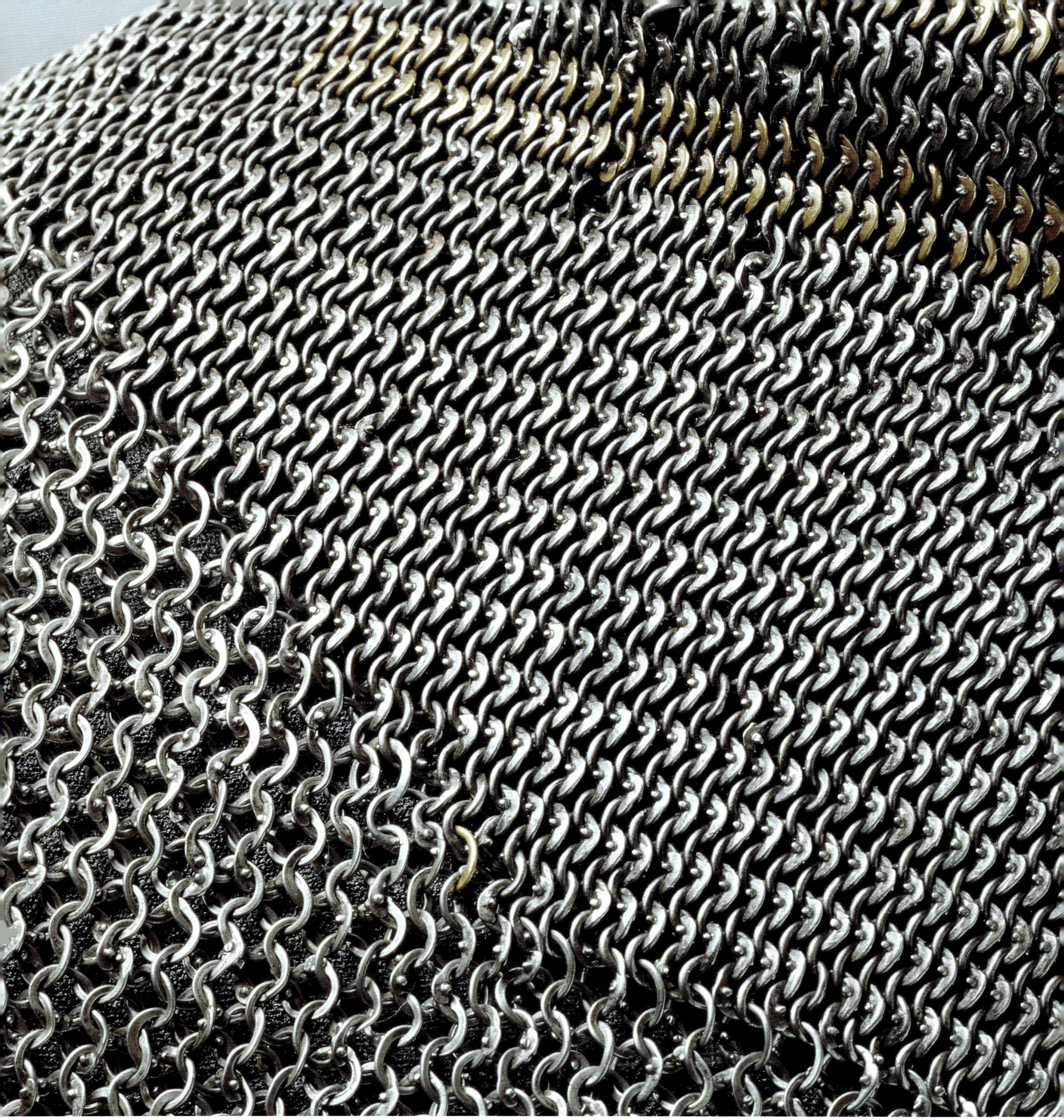

lichen Verhältnisse und Strukturen dem angepaßt. So wie die Maschinen der neuen Manufakturen den Takt der Arbeit vorgeben, geben die funktionalisierten Ladegeschwindigkeiten der Schützenreihen den Takt des Krieges vor. So wie die Sekunden, Minuten und Stunden den Tag in zu vereinheitlichende Rhythmen unterteilten, so ordnet dieser Tagesablauf das Leben der Menschen. Wann hat was zu geschehen, wer ist an welcher Position ...

Historismus

Eine Erinnerung an die Zeiten des Zeughauses ist unter solchen Voraussetzungen tatsächlich vor allem Nostalgie. So begann man denn auch im Jahre 1749, die alte Einrichtung zu entfernen und die Waffen dekorativ zusammenzustellen. Pyramiden und Säulen aus Waffen wurden gebaut, Draperien verwendet und Namen oder Wappen aus Pistolen zusammengelegt. In einer Zeit, in der das Militärische als Disziplin funktioniert, ist die immer noch vom individuellen Anspruch geprägte Ausrüstung des Zeughauses durchaus kurios. Legenden rankten sich um die Waffen - hier ist der Beginn der Ritterromantik zu finden, die in dem Moment einsetzt, wo der tatsächliche Bezug zu den Rüstungen und Militaria nicht mehr

Hellebarden 1. Hälfte 16. Jh.

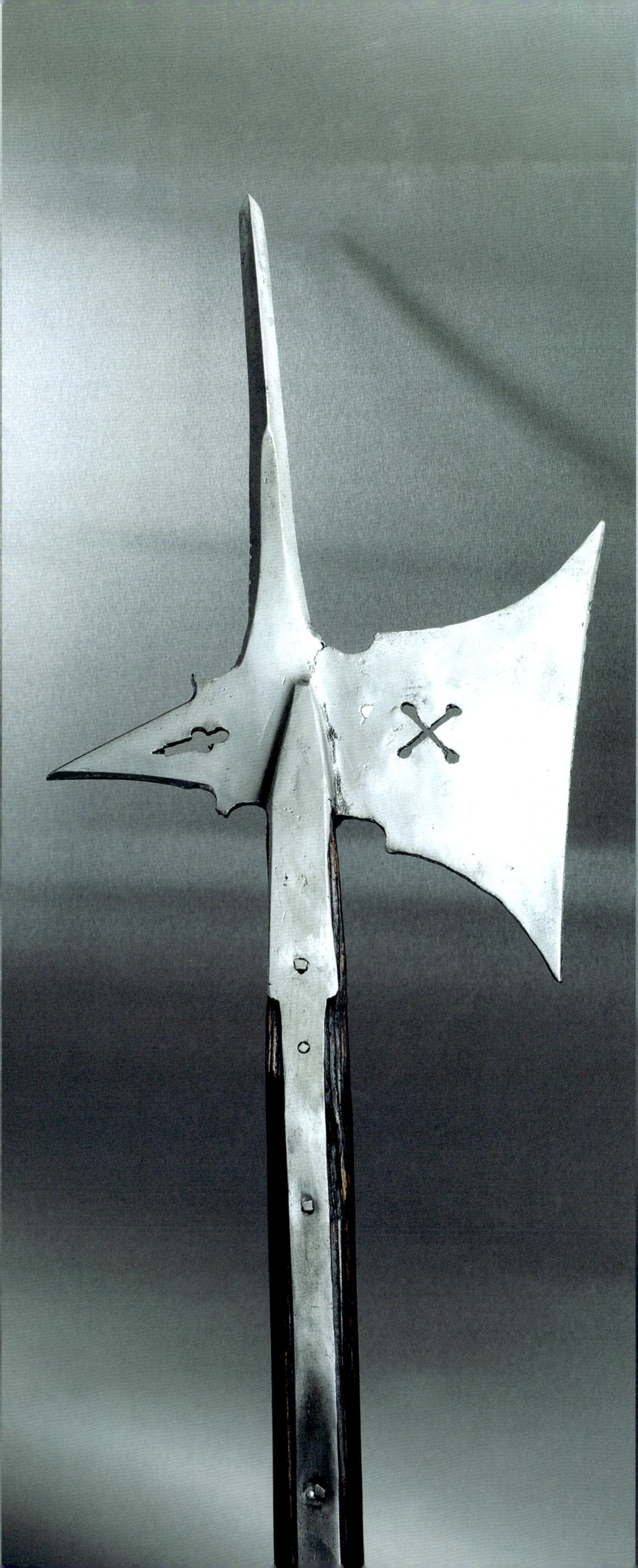

Länge 243 cm
Länge 244,3 cm
Länge 258,8 cm

existiert. Nichts ist so unmodern wie das gerade Überwundene, und so ergreift ein früher Historismus das Zeughaus.

Man kann die Geschichte also auch so lesen: In dem Moment, wo die steirischen Stände Maria Theresia bitten, das vom kaiserlichen Hof für „Altmetall" gehaltene Ausrüstungsgut als Erinnerung an eine selbstbewußte Vergangenheit zu behalten, ist dieses Selbstbewußtsein in der politischen Realität nicht mehr vorhanden. Die Symbole einstiger Stärke werden zum Dekor einer verblassenden Erinnerung, die jeder konkreten Anknüpfung entzogen ist. In dem Moment, wo die Osmanen keine Gefahr mehr darstellen, werden sie volkstümlich und die Geschichten über den Krieg werden Legenden. Wolfgang Amadeus Mozart läßt in der „Entführung aus dem Serail" nur mehr wohlig-mulmige Schauer anklingen, wenn ein Serailaufseher droht, die Christen köpfen und auf „heiße Stangen" spießen zu lassen. Der Protagonist der Oper aber, Bassa Selim, ist längst mehr als ein „edler Wilder", er ist ein aufgeklärter Monarch, der von Verständnis gleichwie von Machtpolitik redet. In diesem Sinne sind die Schwerter und Spieße, die Rüstungen und Pistolen der Zeit der Türkenkriege nun auch zu genießen. Als schön-schaurige Überbleibsel eines „grauen Altertums" (wie es Karl Meyer in seinem 1782 erscheinenden „Versuch über Steyermärkische Altertümer" nennt), das überwunden

Hellebarde

1. Hälfte 16. Jh.
Länge 258,8 cm

scheint, also genossen werden kann. Der Symbolcharakter des Zeughauses ist festgeschrieben als ein volkstümlicher. Das, was symbolisiert wird, ist jedoch verloren. Der Krieg ist ein anderer geworden. Die Gesellschaft auch. Noch einmal Michel Foucault: „Es mag sein, daß der Krieg als Strategie die Fortsetzung der Politik ist. Aber man darf nicht vergessen, daß die Politik als die Fortsetzung wenn schon nicht eigentlich des Krieges so doch des militärischen Modells konzipiert worden ist: als grundlegendes Mittel zur Verhütung der bürgerlichen Unordnung.

Als Technik des inneren Friedens und der inneren Ordnung hat die Politik die perfekte Armee, die disziplinierte Masse, die gelehrige und nützliche Truppe, das Regiment im Lager und im Felde für das Manöver und die Übung angelegt und eingesetzt. In den großen Staaten des 18. Jahrhunderts garantiert die Armee den zivilen Frieden nicht nur, weil sie eine wirkliche Gewalt, ein drohendes Schwert ist, sondern auch weil sie eine Technik ist und ein Wissen, die den gesamten Gesellschaftskörper erfassen können. Läuft der Weg von der Politik zum Krieg über die Strategie, so vermittelt zwischen der Armee und der Politik die Taktik. Läßt die Strategie den Krieg als eine Art der Politik zwischen den Staaten verstehen, so läßt die Taktik die Armee als ein Mittel zur Vermeidung des Krieges innerhalb der bürgerlichen Gesellschaft verstehen."

Damit blieb für das Grazer Zeughaus der Historismus. Über unsere Zeit aber, über unsere Vorstellungen von „Rekonstruktion" und „Original", über das Bestreben, wiederherzustellen und zu erhalten, wie es zu einem irgendwann festgelegten Zeitpunkt „ursprünglich" einmal gewesen ist, werden andere Generationen urteilen. Und dabei sicherlich ebensoviel über uns erfahren wie wir über die Zeiten, in denen andere ihre Entscheidungen begründeten.

Die Zitate zum „Krieg der Rassen" sind entnommen aus
Michel Foucault, Vom Licht des Krieges zur Geburt der Geschichte; Berlin 1986.
Fakten und Zitat zu den „Türkenzeitungen" aus
Theodor Graff, Kriegsberichte - Türkendrucke aus Graz; BuB 86.
Daten und Beschreibungen zum Zeughausbau nach
Peter Krenn, Das Steiermärkische Landeszeughaus in Graz; Graz 1974.
Die Beschreibungen der historischen Ereignisse um Türken- und Ungarnkriege folgen
Günter Cerwinka, Der „Lange Türkenkrieg";
Helfried Valentinitsch, Die Bedrohung der Steiermark durch Bethlen Gabor;
Helfried Valentinitsch, Der dreißigjährige Krieg;
Josef Riegler, Höhepunkt und Ende der Türkengefahr;
alle BuB 86.
Die Zitate zur militärischen Disziplin werden verwendet nach
Michel Foucault, Überwachen und Strafen; Frankfurt 1976.

Hellebarde

Ende 16. Jh.
Länge 213,6 cm

Trabantenhellebarde 4. Viertel 16. Jh.
Pankraz Taller Länge 228,4 cm

Couse		Klinge mit Marke des
4. Viertel	16. Jh.	Peter Schreckeisen
Länge	257,7 cm	

Epilog

Kurze Bemerkungen zu Kriegstechnik und Waffen

Eine Geschichte des Zeughauses in Graz muß immer auch eine Geschichte der Waffen sein. In einer Geschichte der Waffen muß jedoch ebenso immer eine Geschichte der Verletzungen und des Todes mitgedacht werden. Waffen und Rüstungen lassen sich schwerlich ohne das betrachten, was sie anrichten oder verhüten sollen.

Friauler Spieß — Ende 16. Jh., Länge 273,6 cm

Die Geschichte der Beschreibung von Waffen ist eine Geschichte des Schreckens und der Faszination. Einige ältere Waffenbücher lesen sich, als sei der Text ein Äquivalent dafür, die Tötungsinstrumente führen zu dürfen. Andere wiederum geraten in eine wissenschaftliche Distanz, in der die Formalismen der Waffenkunde quasi sezierend und klassifizierend vergessen zu machen trachten, wozu die Objekte da waren.

Kann man sich Waffen „politisch korrekt" nähern und soll man das? Die merkwürdige Anziehung durch Ermächtigung zu leugnen, die von Waffen

ausgehen kann, hieße, aus falscher Scham einen wichtigen Bereich zu verschweigen. Die Abstoßung durch die metallische Realität der Gewalt nicht zu empfinden hieße, Phantasien über die Wirklichkeit zu setzen. Es bleibt also festzuhalten, daß Empfindungen gegenüber Waffen oftmals paradox sind; widerstreitende Gefühle, die keiner voreiligen Moralitätskontrolle unterworfen werden sollten, sondern einer gewissenhaften Analyse - auch der eigenen Motivation, sich mit ihnen zu beschäftigen. Daß sie in Realität vorhanden sind, eingesetzt wurden und werden, macht daran sicher einen wichtigen Teil aus.

Geschwindigkeit

Paul Virilio hat unter dem Eindruck des Golfkrieges, der über Nachrichtenmedien wie den Sender CNN wie ein virtuelles Videospiel ohne Opfer dargestellt wurde, seine Thesen von der Beschleunigung als Entfremdung auch auf den Krieg bezogen. Tatsächlich ist die Bedeutung der Distanz, die in den obigen Kapiteln zu den Zeughauswaffen herausgearbeitet wurde, nur im Zusammenhang mit der Beschleunigung zu begreifen. Die Geschwindigkeit der Kriegsbewegung ist eine schlachtentscheidende

Spetum

Ende	16. Jh.
Länge	213,5 cm

Komponente. Schon die antiken Heere unter Julius Caesar erreichten Überlegenheit durch geordnete Gewaltmärsche in einer Geschwindigkeit, die damals für nahezu unmöglich gehalten wurde. Caesars Truppen waren schnell und tauchten überraschend auf.

Distanz und Geschwindigkeit fallen zusammen mit der Entwicklung der Fernwaffen. Waren Armbrüste und Bögen entscheidend für die Auflösung der mittelalterlichen Ritterheere, potenzierte sich das Verhältnis von Entfernung und Beschleunigung durch die Feuerwaffen. Feuerwaffen verletzen/töten auf größere Entfernung. Die Vernichtungswirkung wird gestreut (Geschütze) oder präzisiert (Handfeuerwaffen). Dabei gelten die rasch aufeinanderfolgenden Verbesserungen der Waffentechnik insbesondere der Zündmechanik. Lunten-, Rad- und schließlich Steinschloßwaffen haben gegenüber ihren Vorgängern jeweils eine störunanfälligere Mechanik, gepaart mit der Ermöglichung einer größeren Geschwindigkeit im Neuladen und Schießen. Je schneller eine Waffe wieder schußbereit ist, um so besser kann sie verwendet werden. Die preußische Armee des Hochbarock war insbesondere deshalb überlegen, weil sie durch konsequenten Drill der Soldaten eine rasante, kollektive Beschleunigung des Ladevorgangs erreichte. „So schnell schießen die Preußen nicht" ist eine sprichwörtliche Selbstberuhigung, die sich genau auf dieses Faktum bezieht: Überlegenheit durch Geschwindigkeit.

Die Entwicklung der Kriegstechnik setzt sich also aus den Komponenten Beweglichkeit (Variabilität der Truppenbewegungen mit schnell marschierenden Fußsoldaten, die in der Schlacht „Menschenmauern" bilden, um dem gegnerischen Angriff das Tempo zu nehmen, und einer Reiterei, die überraschend und in einer Sturmbewegung attackiert), Distanz (verbesserte Fernwaffen wie Geschütze, die weite Strecken überwinden und nach der Ablösung der Steinkugeln Sprengwirkung haben, um Mengen zu verletzen) und Geschwindigkeit zusammen.

Die Geschwindigkeit wird dabei in der Waffengeschichte auf vielfache Weise verbessert. War die beschleunigte Schußfolge der hochbarocken Heere auf Exerzierübungen aufgebaut und benötigte daher ausgebildetes Menschenmaterial in möglichst großer Menge, konnten später die Schußwaffen mit Magazinen schon von sich aus ein Dauerfeuer ermöglichen. Das Maschinengewehr überführt die Beschleunigung in die Waffe selbst. Die Beschleunigung des Tötungseffektes wird durch höhere Reichweiten, stärkere Durchschlagskraft und schnellere Schußfrequenz erzielt.

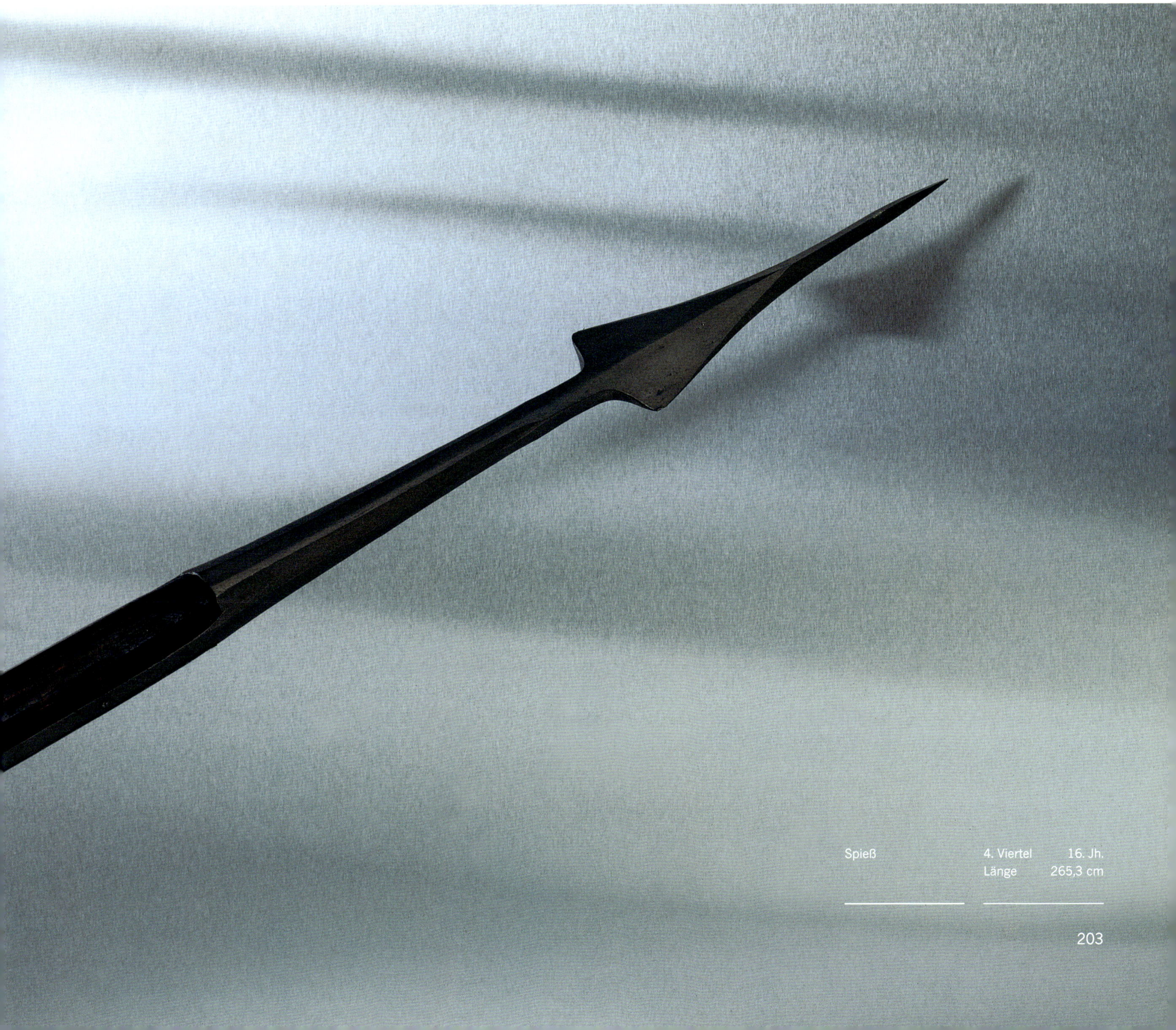

Spieß	4. Viertel	16. Jh.
	Länge	265,3 cm

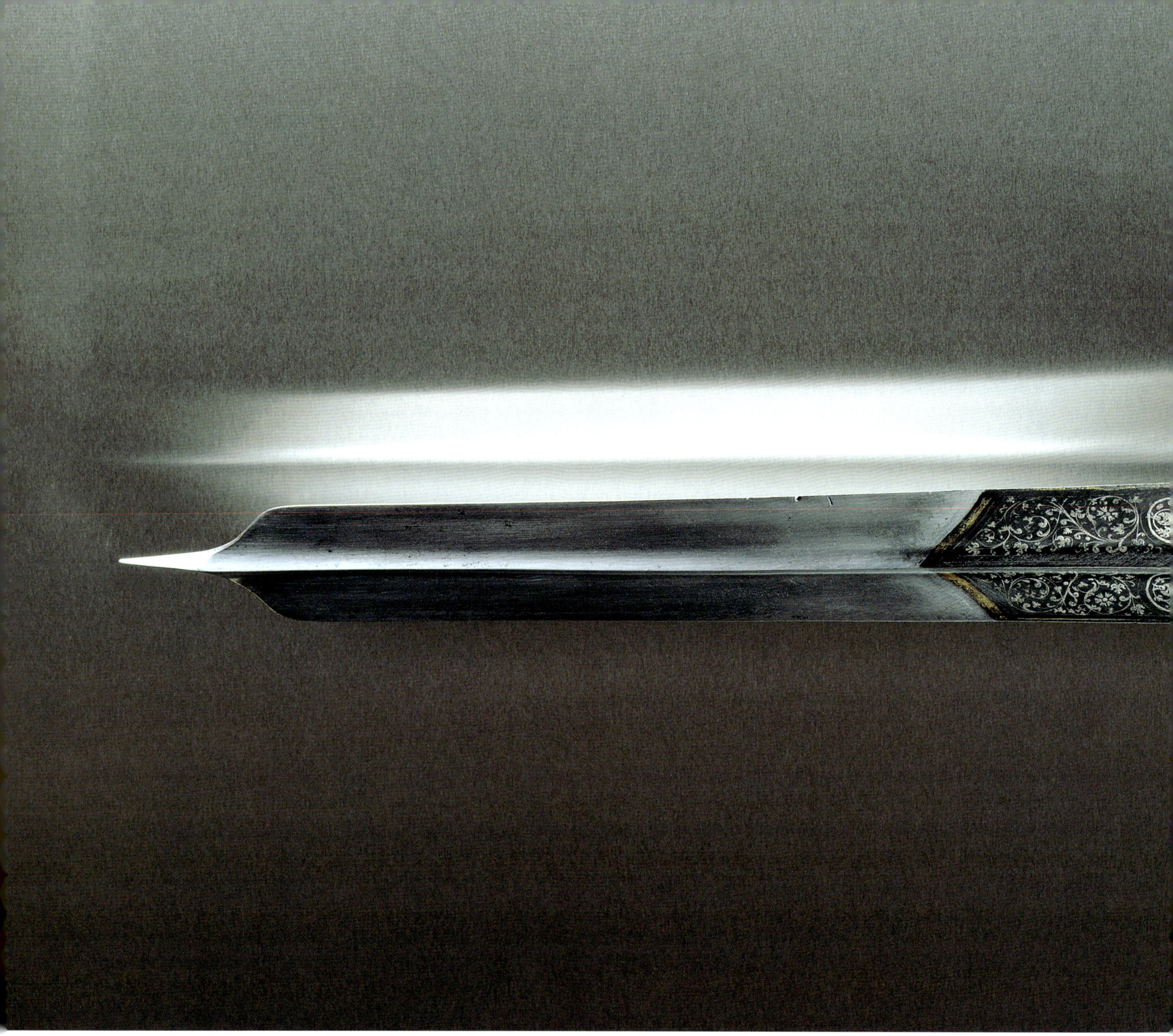

Prunkpartisane	um	1628
der Wache des Hans	Länge	249,4 cm
Franz v. Stainach	Gewicht	3,02 kg

Alles Parameter, die sich in den frühen Feuerwaffen schon als kriegsentscheidend erweisen und - auf einfacherem Niveau - schon zur Zeughauszeit eingesetzt wurden: Durch die Verbesserung der Zündmechanik und das Verkürzen des Laufs war es möglich, Reiter mit Schußwaffen auszustatten. Pistolen und Sturmgewehre waren nicht mehr statisch. (Die frühen Schußwaffen waren so schwer, daß die fest arretiert werden mußten, um den gewaltigen Rückstoß aufzufangen. Und auch die großen Landsknechtsgewehre hatten noch ein Stativ, um die Zielgenauigkeit zu erhöhen, waren also recht immobil.) Reiter mit kleinen Feuerwaffen verbanden die Geschwindigkeit des berittenen Angriffs mit der Distanzüberwindung der Feuerwaffe und der Beschleunigung der Schußfolge.

Gegen diese Geschwindigkeitssteigerung erwiesen sich Rüstungen bald als hinderlich. Sie verringerten die Beweglichkeit der Truppen und waren der Durchschlagskraft der Geschosse nicht mehr gewachsen. Die Dicke der Panzerung hätte proportional zur Beschleunigung der Geschosse so stark sein müssen, daß sich ein Mensch in ihr nicht bewegen könnte (erst der Einsatz von schwergepanzerten Fahrzeugen seit dem 1. Weltkrieg vereinigte wieder Mobilität und Panzerung). Ein zu dünner Körperpanzer, der

Zweihänder, Passau	Länge	169 cm
Klinge 14. Jh.	Gewicht	3,76 kg
Gefäß 16. Jh.		

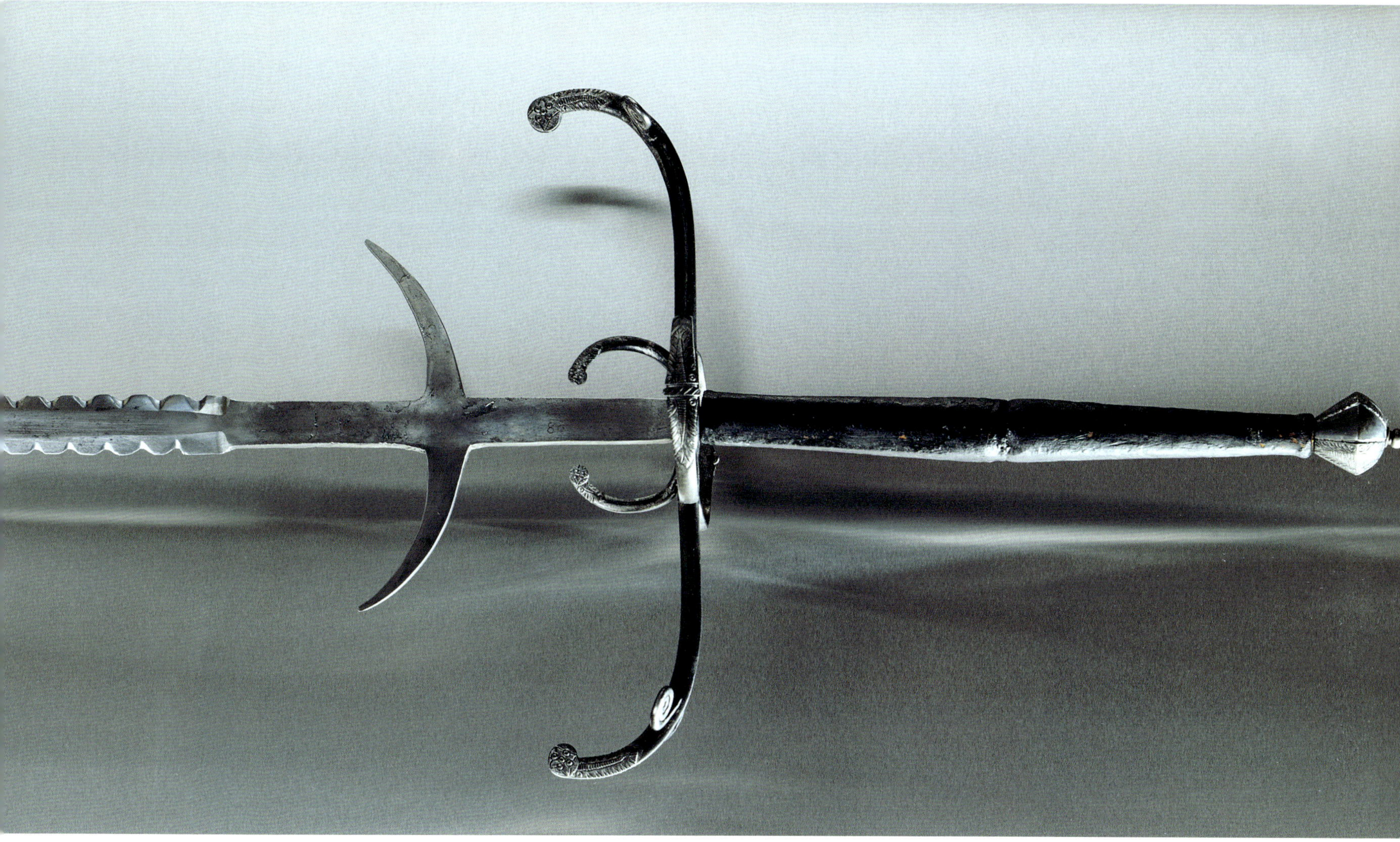

trotzdem durchschlagen wird, erhöht dabei sogar die verletzende Wirkung einer Kugel, da diese mit gebremster Wucht im Körper stecken bleibt, eventuell gar zersplittert und somit mehr Gewebe schädigt.

Daß die Distanz zwischen Opfern und Waffenbenutzern in neuerer Zeit schier universelle Dimensionen annimmt, zeigt die Entwicklung der Luftwaffen, der Raketentechnik und letztlich der Interkontinentalwaffen. Zur ballistischen Berechnung von großen Entfernungen waren schon in der Hochzeit der Kanonen komplexe mathematische Arbeiten notwendig. Im 2. Weltkrieg lagen die Entfernungen von Geschützen und Zielen so weit auseinander, daß zur Berechnung einer Flugbahn mehrere Tage und Dutzende von Menschen nötig waren, die die Operationen gemeinsam ausführten. In der amerikanischen Armee nannte man diese Flugbahnberechner „Computer". Ihrem Interesse an einer Mechanisierung der Arbeitsweise ist der erste Großrechner zu verdanken, der in Folge für militärische Zwecke eingesetzt und als Computer bezeichnet wurde. Mit ihm sind die Parameter Geschwindigkeit, Distanz und Beweglichkeit in eine neue Dimension überführt. Das Grazer Zeughaus umfaßt eine wichtige Etappe auf diesem Weg. Seine Geschichte führt auch so in die Gegenwart.

Zweihänder		Länge	171 cm
Steiermark		Gewicht	3,51 kg
4. Viertel	16. Jh.		

Ungarischer Säbel 4. Viertel 16. Jh.

Haudegen 4. Viertel 17. Jh.

Glossar

ARMBRUST

Fernwaffe, wahrscheinlich in China erfunden und als „Gastraphetes" erstmals im 3. Jahrhundert vor Christus in Griechenland beschrieben. Bogen mit starker Sehne, der auf einem Mittelschaft angebracht ist. Die mittelalterliche Armbrust wurde mit einer mechanischen Spannhilfe schußbereit gemacht (Schloßsystem mit Abzugshebel: die Sehne rastet in der „Nuß" ein, ein Schußbolzen wird eingelegt, der Druck auf den Hebel gibt die Sehne frei). Die Armbrust hat eine hohe Durchschlagskraft, ist aber nässeempfindlich und hat gegenüber dem Bogen eine verminderte Treffergenauigkeit.

ARMZEUG

Rüstungsschutz der Arme.

ARKEBUSE

Kurzes Gewehr; Waffe der Arkebusierreiter (auch Pferdeschützen genannt), leicht gepanzerter Reiter, die seit der Mitte des 16. Jahrhunderts eingesetzt wurden.

ARKEBUSIER

Fußsoldat mit leichtem Schützenrohr.

AUFGEBOT

Abgeleitet von „Aufruf"; Aufruf des Landesherrn an das Volk zum Ergreifen der Waffen, gleichgesetzt mit den Truppen, die diesem Aufruf nachkommen. Entsprechend ist ein Landesaufgebot das einberufene Heer eines Landes.

BANDELIER

Gurt zur Aufbewahrung von Kugelbeutel und Pulverflaschen eines Musketiers.

BESCHAUZEICHEN

Waffen und Rüstungen wurden vom Hersteller mit einem Zeichen markiert, das ein Stück als von ihm gefertigt auswies. Zusätzlich gab es in den großen waffenproduzierenden Städten wie Nürnberg oder Augsburg - um den Ruf des Wirtschaftsstandortes zu sichern - eine behördliche Kontrolle der Waren. Diese wurde mit einem „Beschauzeichen" bestätigt. Das Zeichen war somit ein wichtiger Qualitätsgarant für die Ware.

BESCHUSSPROBE

Die ausgelieferten Feuerwaffen für das Grazer Zeughaus waren Einzelstücke, die zwar in Serien gefertigt wurden, aber grundsätzlich als Handarbeit. Aus Sicherheitsgründen wurde jede an das Zeughaus gelieferte Waffe unter Aufsicht des Zeugwartes abgefeuert (oft unter musikalischer Begleitung von Trommeln und Pfeifen). Bei diesen sogenannten Beschußproben verwendete man oft eine größere Menge Pulver als im Ernstfall üblich, um die Haltbarkeit der Läufe zu testen. Hatten die Waffen die Probe bestanden, wurden sie mit dem „kaiserlichen Zeichn“ versehen und im Zeughaus gelagert. Um die Materialqualität von Harnischen zu testen, wurden diese ebenfalls probeweise beschossen. Die zahlreichen Dellen auf Rüstungen im Zeughaus stammen hauptsächlich aus solchen Versuchen, nicht aus dem Kampfeinsatz.

BEINTASCHEN

Aus mehreren Teilen („geschoben“) oder auch in einem Stück („steif“) gearbeitete Fortsätze der Bauchreifen eines Harnischs zum Schutz der Leistengegend. Sind die Beintaschen bis über das Knie reichend verlängert, werden sie als Schöße bezeichnet.

BEINZEUG

Rüstungsschutz der Beine, bestehend aus dem Diechling als Schutz für Oberschenkel und Knie, und dem Unterbeinzeug.

BLANKWAFFEN

Sammelbegriff für Schlag-, Stich- und Hiebwaffen.

COUSE

Langgeschäftetes Haumesser, im 16. Jahrhundert bei den habsburgischen Garden verwendet.

DEGEN

Stichwaffe zum Fechten.

DUSÄGGE

Kurzer Infanteriesäbel, dessen Name sich aus dem tschechischen „tesak“ - „langes Messer“ ableitet. Die Dusägge verbindet eine orientalische gebogene Klingenform mit einem aufwändigen europäischen Gefäß (Griff- und Handschutz).

FEUERWAFFEN

Fernwaffen, die mittels Schießpulver gezündet werden. Das Schießpulver aus Salpeter, Schwefel und Holzkohle wird in Europa zuerst von Roger Bacon Mitte des 13. Jahrhunderts erwähnt; der Franziskanermönch gibt auch ein Rezept zu dessen Herstellung an. Zum ersten Mal als Treibmittel für Schußwaffen wird das Schießpulver 1326 in Italien eingesetzt. Schnell setzen sich Feuerwaffen als kriegsentscheidend durch. Unterschieden werden die großen Gruppen der Geschütze und der Handfeuerwaffen.

HAKENBÜCHSE

Schwere Feuerwaffe aus Eisen. Die Haken dienen zur Verankerung der Waffe in Mauern oder Balken, um den heftigen Rückstoß aufzufangen.

HARNISCH

Sammelbegriff für die am Körper getragenen Schutzrüstungen, sowohl für Krieger, Turnierkämpfer als auch deren Reittiere („Roßharnisch"). Aus starren Metallplatten („Panzer") oder aus beweglich aneinander genieteten Metallreifen („geschoben").

HELM

Sammelname für verschiedene Formen des gepanzerten Kopfschutzes. Als „Mantelhelm" mit voll verkleidetem Gesicht (Visier), als „Sturmhaube" mit hutkrempenartigem Gesichtsschirm ohne weitere Gesichtsverkleidung. Zahlreiche spezielle Varianten für den besonderen Einsatz.

HELMBARTE

Die Helmbarte oder Hellebarde erhielt ihren Namen aus dem Kompositum von Halm (gleich Schaft) und Barte (gleich Beil). Die lange Stangenwaffe verbindet die scharfe Spitze des Spießes mit der Klinge einer Streitaxt. Die Haken der axtförmigen Klinge waren gegen schwer gepanzerte Reiter besonders gut einzusetzen. Nach dem Triumph der Schußwaffen und dem Verschwinden der gepanzerten Ritterheere war der Axtteil zwecklos und die Hellebarde wurde mehr und mehr durch den langen Spieß ersetzt.

HUSAREN

Ursprünglich leichte Reiterei der Ungarn (Matthias Corvinus bezeichnete sie als „hussarones"), seit dem 16. Jahrhundert auch in der kaiserlichen Armee: speziell ausgerüstet mit Säbel, Stecher, Streitkolben und Reiterlanze, geschützt durch Kettenhemd, „geschobenen", d. h. aus Metallreifen beweglich vernieteten, Küraß und Zischägge.

KETTENHEMD
Hemd aus einem Geflecht von ineinander genieteten Eisenringen.

KRIEGSGABEL/KRIEGSFLEGEL
Bäuerliche Waffen, aus landwirtschaftlichem Gerät gefertigt.

KUGELN
Munition für Feuerwaffen. Die bis ins 19. Jahrhundert verwendeten Kugeln für Feuerwaffen waren zumeist aus Blei gegossen oder aus Eisen, das mit Blei ummantelt wurde. Zwei Arten von Kugeln wurden dabei unterschieden: Die Rollkugel, die sich leicht in den Lauf rollen ließ (schnell zu laden war, aber ungenauer traf), und die Paßkugel, die mit einem Ladestock in den Lauf gestoßen werden mußte. Das erhöhte zwar die Zielgenauigkeit, war aber zeitaufwendiger.

KÜRASS
Brustharnisch (von franz. „cuirasse", ursprünglich „Lederpanzer") der Kürassiere mit Brust- und Rückenstück.

KÜRASSIER
Schwer gerüsteter Reiter.

KÜRISS
Kompletter Reiterharnisch der schwer gerüsteten Reiterei.

LANDSKNECHT
Berufssoldaten, die gegen Bezahlung angeworben wurden.

LANZETIER
Schwer gerüsteter Lanzenreiter.

LUNTENSCHLOSS
Erster früher Zündmechanismus für Handfeuerwaffen aus dem 15. Jahrhundert. Die Schwierigkeit, die Waffe zu halten, zu zielen und dabei das Schießpulver zu entzünden, wird mit einem mechanischen Schloß gelöst. Der Schütze klemmt eine Lunte in einen kippbaren Hahn ein und zündet sie an. Dann kann er anlegen und zielen, durch die Drehung des Hahns auf das Zündloch (per Hand, später auch durch einen Hebel auszulösen) wird das Pulver angesteckt. Diese Zündvorrichtung ist sehr feuchtigkeits-

empfindlich, da die Lunte offen glimmt. Eine Lunte war ein loser gedrehter Hanfstrick, der mit Lösung aus Bleizucker getränkt wurde. Außer den nässeempfindlichen Lunten wurden auch Feuerschwämme benutzt, ausgekochte, getrocknete und in Streifen geschnittene Hutpilze, die salpeterhaltig sind und gut brennen.

MORGENSTERN
Stich- und Schlagwaffe aus Holz, in deren Schlagkopf Eisenstacheln eingesetzt sind. Die Morgensterne im Grazer Zeughaus stammen aus dem Jahr 1685, haben außer den Stacheln an der Spitze auch noch eine vierkantige Stoßklinge.

MORION
Helm für Infanteristen mit einem hohen Kamm und einer Krempe, die vorn und hinten in einer Spitze ausläuft (auch Schützenhauben spanischer Form genannt).

MUSKETE
Schwere, weittragende Feuerwaffe; eingesetzt von Musketieren, Fußsoldaten des 17. Jahrhunderts.

PALLASCH
Ungarischer Schwerttyp für Husaren, bei dem ein Säbelgriff mit der symmetrisch aufgebauten Klinge eines Schwertes kombiniert ist.

PANZERSTECHER
Leichte Renaissance-Variante des spätmittelalterlichen Stoßschwertes.

PARTISANE
Der Name dieser langen Stoßwaffe mit einer breiten, oft verzierten Klinge, leitet sich aus dem italienischen „partigiano“ - „Parteigänger“ - ab. Die Partisane ist vor allem eine repräsentative Parade- oder Gardewaffe und wurde ab 1600 vor allem von Offizieren getragen.

PLATTNER
Handwerker, der Harnische herstellt.

RADSCHLOSS
Mechanisches Zündsystem für Handfeuerwaffen, um 1500 in Nürnberg wahrscheinlich aus einem Feuerzeug entwickelt, bei dem ein stählernes Rädchen ruckartig an einem Stück Schwefelkies (Pyrit) gerieben wird,

woraus Funken schlagen. Das Radschloß einer Feuerwaffe funktioniert im gleichen Prinzip. Ein stählernes Rad schlägt durch Reibung Funken aus einem Stück Pyrit, das in einen Hahn eingespannt wird. Gedreht wird das Rad durch einen aufziehbaren Federmechanismus. Der Druck auf den Abzug (das „Züngel") gibt das Rad frei. Das Pulver wird durch die Funken entzündet. Radschloßwaffen waren bis in das 17. Jahrhundert verbreitet. Radschlösser konnten auch in kürzere Waffen eingebaut werden, weshalb darauf Handfeuerwaffen wie Arkebusen oder Pistolen auch von der Reiterei genutzt wurden. Ein Nachteil der Radschloßzündung war die schnelle Verschmutzung des Mechanismus - weshalb oft Luntenschloß und Radschloß an einer Waffe kombiniert wurden.

RINGELPANZER
Langes Kettenhemd aus Eisenringen; bis ins 12. Jahrhundert Rüstung der Ritter.

RIEFELN
Nebeneinanderliegend herausgearbeitete, erhabene Leisten, die an einen Faltenwurf von Stoffen erinnern, als Dekoration an deutschen Harnischen des frühen 16. Jahrhunderts.

ROSSCHINDER
Langgeschäftete Sichel zum Durchtrennen der Fesseln von Pferden.

SÄBEL
Von den Türken nach Europa gebrachte alte mongolische Reiterwaffe mit einschneidiger, gebogener Klinge, die von den Ungarn und später auch den kaiserlichen Truppen übernommen wurde.

SCHÜTZENHAUBE
Helm für Schützen. Um das Gewehr gut anlegen zu können, hatten diese Hauben entweder nur einen sehr schmalen oder einen aufklappbaren Gesichtsschirm.

SCHWERT
Neben dem Dolch die älteste, seit der frühen Bronzezeit bekannte Blankwaffe mit symmetrischem Aufbau: eine gerade, zweischneidige Klinge, die in einer dornartig verlängerten „Angel" ausläuft. Die Angel wurde in der Frühzeit oben und unten von zwei Zwingen begrenzt, zwischen denen der Griff eingeklemmt war. Die obere Zwinge wurde später zur Knauf-

form verändert, anstelle der unteren Zwinge wurde eine Parierstange zugefügt, die die Hand vor Schlägen schützt. Der Handschutz, das „Gefäß", wurde im Laufe der Renaissance sehr aufwendig gestaltet und zum Schutz der einzelnen Finger oft mit zusätzlichen Eisenbügeln versehen. Das Schwert wurde als Hieb- und Stoßwaffe verwendet. Varianten des Schwertes sind die „Zweihänder" oder „Bidenhander", die seit dem 15. Jahrhundert von Fußtruppen gegen Lanzenreihen eingesetzt wurden. Die langen Schwerter - oft mit Klingen in Wellenschliff und zusätzlichen kleinen Parierhaken - mußten in einer raschen Drehbewegung gewirbelt werden, um Breschen in die Reihen der Spießträger zu reißen, durch die dann die Reiterei vorstoßen konnte. Soldaten, welche die Kunst des Schwertschwingens beherrschten, waren besonders ausgebildete Spezialisten und bekamen den doppelten Sold.

SPANISCHER REITER

Holzbalken, in den über Kreuz Spieße (sogenannte „Saufedern") eingesteckt sind. Die Spanischen Reiter wurden am Ende des 17. Jahrhunderts als Hindernis und Schutz der Infanterie gegen Reiterattacken eingesetzt.

SPIESS

Spieße waren die Hauptwaffe der Infanterie, zuerst in großem Umfang von den Schweizern gegen die Habsburger eingesetzt. Spieße sind bis zu sechs Meter lange Stoßwaffen mit Metallklingen, die in massierter Formation vor allem zur Abwehr von Reiterattacken verwendet wurden. Die Spießträger ordneten sich dazu in mehreren Reihen hintereinander an, die Spieße versetzt im Boden verankert oder gerade nach vorn gehalten.

SCHNAPPSCHLOSS

Weiterentwicklung des Luntenschlosses und des Radschlosses: Der Hahn wird mechanisch gespannt gehalten und durch einen Druck auf den Auslöser schnell freigegeben. Die brennende Lunte (Luntenschnappschloß) oder ein Feuerstein schlägt auf eine Zündfläche und löst den Schuß aus. Ein Flintstein ist für vielfache Zündung einzusetzen, zwischen 30 und 50 Schuß lassen sich normalerweise abgeben, bevor er gewechselt werden muß.

RÜSTHAKEN

Metallhaken zum Auflegen von Lanzen auf der rechten Brustseite von Reiterharnischen.

STEINSCHLOSS

Das Steinschloß ist eine Weiterentwicklung des Schnappschlosses, um 1610 in der Normandie erfunden, und war für 200 Jahre der wichtigste Zündmechanismus für Handfeuerwaffen. Das Steinschloß verfeinert die Mechanik des Schnappschlosses, beruht aber auf dem gleichen Gedanken: durch die Spannung eines Hahnes mit einem Stück Feuerstein die Schußbereitschaft herzustellen und den Feuerstein nach Drücken des Abzugs auf eine Zündfläche aufprallen zu lassen, um durch die Funken das Pulver zu entzünden.

VISIER

Gesichtsschutz eines Helmes, aufklappbar („aufschlächtig) oder abklappbar („abschlächtig), mit Seh- und Luftschlitzen.

ZEUG

Alter Sammelbegriff für Waffen und Rüstungen aller Art.

ZISCHÄGGE

Schutzhaube der Husaren.

ZÜNDPULVER

Treib- und Zündmittel für Feuerwaffen aus Salpeter, Schwefel und Holzkohle. Seit Mitte des 15. Jahrhunderts in großen Mengen in Pulvermühlen mechanisch hergestellt, wobei der in Feuchtigkeit gelöste Salpeter als Bindemittel für die beiden anderen Bestandteile dient. Die getrocknete und zerstampfte Mischung, das „gekörnte" Pulver", wird in „Pulverflaschen" aufbewahrt und als Treibmittel fest in den Lauf der Waffe gestoßen. Danach wird die Kugel kräftig auf dieser Unterlage festgestopft oder hineingerollt - je nach Kugeltyp. Feiner gemahlenes Pulver am „Zündloch", durch das eine Verbindung zum Treibmittel besteht, wird durch unterschiedliche Mechaniken (siehe Schloßtypen) entzündet und bringt das Pulver im Lauf zur Explosion, was die Kugel heraustreibt.

Genaue Beschreibungen von Waffen- und Rüstungstypen
sowie historische und waffenkundliche Untersuchungen
finden sich in folgenden Publikationen des Grazer Landeszeughauses:

Peter Krenn (Hrsg.), Harnisch und Helm; Ried 1987
Peter Krenn (Hrsg.), Gewehr und Pistole; Ried 1990
Peter Krenn (Hrsg.), Schwert und Spieß; Ried 1997
Peter Krenn (Hrsg.), Von alten Handfeuerwaffen; Graz 1989.

Thomas Höft, geb. 1961 in Lüchow

Studium der Literaturwissenschaften, Kunstgeschichte, Musikwissenschaften, Sprachpsychologie

Arbeitet als Autor sowohl im Bereich der bildenden Kunst wie der Musikwissenschaft, ist aber vor allem durch Libretti und Theaterstücke wie „Circe und Odysseus“ (Komische Oper Berlin), „Castor und Pollux“ (Akademie der Künste Berlin) oder „Heinrichs Fieber“ (Kleist-Theater Frankfurt an der Oder) bekannt geworden.

1995 inszenierte Götz Friedrich seine Neudichtung „Galathee. Die Schöne“ nach Suppé an der Deutschen Oper Berlin.

1996 arbeitete er an der vielbeachteten Ausstellung „Zwischen Himmel und Erde“ für das Landesmuseum Joanneum mit.

Seit 1995 ist er Autor und Dramaturg des Festivals „styriarte“.

Alexander Kada, geb. 1968 in Graz

Studium der Architektur

Arbeitet international als Designer sowohl im grafischen Bereich wie auch im Bereich Architektur und Interior Design.

Zahlreiche Buch- und Katalogprojekte für Kunst und Architektur. Fotokonzeptionen.

Schwerpunkt seiner Tätigkeit ist das erweiterte Corporate Design, sowohl für kulturelle Institutionen wie auch für Großunternehmen und private Auftraggeber.

Zu seinen Klienten gehören: Vola, Toni&Guy Hairdressers, Architekturstiftung Österreich, Europan Österreich, Landesmuseum Joanneum, Grazer Kunstverein, Cmst-Kraftwerke, Steiermärkische Landesregierung, Haus der Architektur.

Angelo Kaunat, geb. 1959 in München

Studium der Architektur

Mehrjährige Praxis für Beleuchtung und Bühnentechnik an den Kammerspielen in München. Später freier Lichtdesigner- und Stagemanager für Theater, Modenschauen und Fernsehveranstaltungen.

Bis 1994 in verschiedenen Architekturbüros in Paris, München und Graz tätig.

Seit 1991 selbständiger Fotograf u. a. für renommierte Fachzeitschriften (Architecture & Techniques, DBZ Deutsche Bauzeitung, Bauwelt, Werk Bauen Wohnen, Baumeister, Domus, Architectural Review, Architektur Aktuell, Disegño Interior) und Architekten.

Das Thema „Licht-Raum-Mensch“ steht im Zentrum seines künstlerischen Interesses.

sappi

Landesmuseum Joanneum
Graz, Österreich

Printed in Austria

Text: Thomas Höft
Buchgestaltung und Fotokonzeption: Alexander Kada
Fotografie und Beleuchtung: Angelo Kaunat
Konservatorische Betreuung: Raimund Bauer
Lektorat: Karl Peitler

Dieses Buch ist auch in englischer Sprache erhältlich.
Übersetzung: Martha Davis Konrad

Landeszeughaus
Herrengasse 16, A-8010 Graz
Leitung: Peter Krenn

Druck: Grasl Druck & Neue Medien, A-2540 Bad Vöslau
Papier: Magnomatt Satin 170 g, säurefrei, chlorfrei gebleicht - TCF freundlicherweise zur Verfügung gestellt und speziell gefertigt durch sappi, A-8101 Gratkorn
SPIN: 10664408

Mit 127 farbigen Abbildungen

ISBN 3-211-83097-9 Springer-Verlag Wien NewYork